大人の

スポーツ自転車でまた走ろう!

一生楽しめる自転車の選びかた・乗りかた

山本修二 著

技術評論社

自転車は世界の共通言語

ドイツ、イギリス、オランダ、アメリカ、カナダ…。いくつもの国と街に足を運び、現地のサイクリストと走ることで、僕は自転車に乗るほんとうの楽しさに開眼した。
「シュージ、一緒にオレの街を走るか？」
「行こう、行こう」
きっかけはいつもそんな感じ。どこの街を走っても、誰と走っても同様に感じたことは、そのユルさだった。ゆっくりと街の景色を眺めながら走り、交差点で停まると、おしゃべりして。街の名所を巡ったら、決まってパブやバーに入ってビールで一杯。そして、再び走り出し、お腹が空いたらレストランで食事。
会話といえば、街の変遷や家族、仲間のこと、たまに仕事の話など。それほど得意ではない英語も、一緒に自転車に乗って数時間を過ごしただけで、なぜかスラスラと話ができる自分に気が付いた。そんな経験を積むほどに、自転車っていうのは、世界の共通言語なんだと、確信を持つようになった。
ところが日本ではどうだろう。自転車に乗ったときにビールが飲めないことはさておき、自転車好きと称する人との会話は、決まって自転車やパーツの自慢、レースの話、登《と》坂《はん》苦労話うんぬん。これが世界との違いだなと気付いた。
ロードバイクのブームにより、スポーツ自転車に乗る人は増えた。しかし、今の日本を見るとその進化はガラパゴス的であり、文化として定着するにはまだまだ時間が必要と感じた。生活を豊かにする道具、友達との関係を良好にする言語として、自転車に乗る人がひとりでも増えたら。そう願って、この本を書いた。
僕は、まわりの少年より遅く、小学二年生で自転車と出あい、それから50代になった今に至るまで、ずっと自転車と共に生きてきた。途中、BMX

やＭＴＢ《マウンテンバイク》のレースを経験しながらも。他人と競い勝利することで手にする喜びもあるけれど、そんな遠回りをしなくても、自転車に乗って手に入れられる喜びは、目の前にいくらでもある。

自転車は整備さえしていれば、なんでもいい。大切なのは気持ちをユルくすることだけ。自分を解放して、ただペダルを踏めばいい。そして、恥ずかしがらず、いろいろな店や、いろいろな仲間の中に入っていけばいい。

じつは、僕の部屋には今年も1台の自転車が増えた。少年の頃のように、もういちどサイクリストとしての感性を磨きたいと思い、15年以上乗り続けたクルマを手放した。18歳のときから、クルマのない生活を経験したことがない僕が。そして、中古車買い取り業者から入金された現金で、手放したクルマと同じ色のピストを買った。

最初は重いギア比にヒザが痛くなり加齢を痛感した。しかし、最近ではキレキレのハンドリングと俊敏な加速感による躍動感を引き出せるようになると同時に、ユルくも走れる心地よさを発見。すっかり都市移動の足として活躍している。食わず嫌いになることなく、未知の自転車に乗り、新しい世界に身を投じることもまた、サイクリストとしての幅を広げ、大きな喜びとなることを実感した。

クルマを手放すことで、確実に自転車に乗る時間が増えた。そして、仕事のための移動ですら、自分にとって心を解放するユルくも充実した時間として楽しめるようになった。これって、もしかしてシアワセ？

たまたま僕を目撃した友人によれば、最近では、街乗りでも顔が笑っているらしい。金がなくても笑顔になれる自転車生活。40年以上かかってようやくたどりついた、そんなペダルの踏み方を皆様と共有できれば、それほどうれしいことはない。

山本修二

スポーツ自転車でまた走ろう!
一生楽しめる自転車の選びかた・乗りかた

Contents
[目次]

Chapter 1 さらば、ロードバイク至上主義

Chapter 2

Chapter 3

Contents

Chapter 4 107

自転車旅＝小さな冒険の始めかた

さらば、ロードバイク至上主義

Chapter

1

競うのをやめれば「自由」が見えてくる

誰かと競いたいなら ロードバイクが最適だが…

長らく続く空前の自転車ブーム。それを牽引しているのは、間違いなくロードバイクだ。滑らかな曲線を複雑に組み合わせた美しいカーボンフレームに、スレンダーなタイヤ。そして、見るからに軽そうなホイールや色っぽい光を放つメカ（変速機）。機能美の塊のようなロードバイクは、まさに自転車界のスーパーカー。誰よりも速く走るために作られたデザインは、時に人の目や思考をも狂わせる。

もし、あなたが誰かと競いたかったり、なにかの記録に挑戦したいのなら、最先端のロードバイクこそが最良の選択肢になるだろう。しかも、自転車雑誌やネットにはロードバイクを推奨する記事が華やかにページを飾る。逆にそのほかのスポーツ自転車に関する記事や情報は、少々マニアックなのか探しにくかったりする。それゆえ迷うことも比較することもなくロードバイクを購入し、流れでレースに参加する。昨今、そんな方が増えているような気がする。

そこでひとつ提案。もし、レースに興味がなく、純粋にスポーツ自転車に乗ってみたいのなら、一度、「競う（レース）」という言葉を頭の中から外してみてはいかがだろう？

世界のスポーツ自転車というカテゴリーでは、競わない自転車のほうが一般的。そこには様々なスタイルや用途に合わせた自転車が存在し、車種やサイズの展開も幅広い。それに価格帯や乗車時の服装の選択肢だって格段に増える。

極端なことを言ってしまえば、自転車はなんでもいい。好きなファッションでペダルを踏んで、のんびりと走れさえすればいい。都市の路地裏を散策するもよし、河川敷の未舗装路に道を踏み外してみるのもいいだろう。空気や風を肌で感じ、その場の音に耳を澄まし、目の前に広がる景色の変化を見ながら走る。趣味方向にセンサーを研ぎ澄ませ、感性で乗るのが、スポーツ自転車の楽しみ方ではないかと、僕は常々思っている。

速度は時速20km以内（無風なら

僕は時速15kmぐらいが適速）。思わず歌でも唄いたくなるような心地よさに包まれ、周囲の風景や季節の変化にも敏感になれる速度だ。

自分のペースでペダルを踏んで、自転車をコントロールし、街から街へ移動する。お腹がすいたら、適当なカフェや食堂を探して入るのもよし。肉屋でホカホカのコロッケを買い食いしてもいいじゃない。

「競う」というテーマを外したとき、その代わりに手に入れられるのは、「自由」だ。自転車、服装、走る場所、すべてを自由に選べばいい。

ほんの少し意識を変えるだけで乗りこなすための敷居は格段に下がり、特別なトレーニングだって必要なくなる。そこにはキラキラと輝く充実した休日がある。まずは「競わない」ことから始めませんか？

アスファルトの上しか走らないなんて、もったいない。クルマでは走れない細い道や、デコボコの未舗装路に足を踏み入れることもサイクリングの楽しみだ。寄り道も積極的に。

パーツにお金をかけなくても自転車は楽しい

道具にかけた金額とレースの成績は比例しない

ロードバイクの魅力は、スピードだ。そこには速く走るための最新の機能が惜しげもなく注入されている。目的はレースで勝つこと。

毎年、新製品を発表するメーカーにとって、最大の目的はファンをワクワクさせる最新技術や洗練されたデザインの製品を市場に投入すること。同時に契約選手を表彰台のより高い位置に立たせることも責務である。そして、トップレーサーたちは、経験から得た意見をメーカーにフィードバックし、さらに製品は熟成される。毎年毎年、魅力的な製品が登場し、雑誌の巻頭ページを飾れば、それは初心者市民レーサーだって胸躍る。うっかりその製品がなければ勝てないような気になってしまうのは至極当然の流れだ。

しかし、レースというのは、スポーツであると同時に、メーカーやプロ選手が存続するための経済活動の手段であることも忘れてはならない。プロ選手と市民レーサーとは、まったく次元が違うわけで、最新の高価な機材が、底辺でどれだけ効果を発揮するか、大枚をはたく前によく考えてみるといい。

僕は10代の頃からBMXというレースで、世界的なメーカーのスポンサーを受け、常に最先端の自転車に乗れる、恵まれた環境で戦ってきた。あるレースの日、決勝レース直前に自転車が故障。急遽、近くにいた一般選手の自転車を借りて出走し、優勝してしまった。そのとき、レースで勝つために大切なのは、高価な機材や最新のマシンではないことを学んだ。

BMXはスプリント（短距離）で、ロードレースは長距離。使う自転車もまったく別物なので単純に比較することはできないかもしれない。しかし、その後に参戦したMTBのクロスカントリーレースでも、同じようなことを感じる機会は少なくなかった（このときは、高価なマシンで走り、高校生が通学で乗るようなボロボロの自転車に抜かれまくった…）。

たしかに最新のロードバイクは、持ったときにも走っても軽く、ルックスまでもが魅力的で気分もあがる。しかし、最先端でなくても、高価な製品を買わなくても、休日の楽しみ方をグンと広げられる質実剛健な自転車が、世の中には、多数存在することをまず知ってほしい。高級ロードバイクを買う予算があれば、もう少し気軽なスポーツ自転車を買って、さらに余ったお金で、西へ東へ自由な旅に出かけられるのだから。

のんびりと走ることが楽しい自転車は、速く走るために作られた自転車よりも用途が広く、心にゆとりを持って走れる。下の写真は、ロングテールバイク。大量の荷物を運搬するために、自転車の後方を長くして、大型バッグを装備できるようにした自転車だ。

Lesson 3

ロードバイクは体を鍛えてこそ乗りこなせる本気のマシン

ロードバイクは普段使いには無理がある

流行にのって深く考えることもなくロードバイクを買う前に、ロードバイクがどれだけ特殊な自転車であるかをまず理解しておこう。

ロードバイクは、大前提としてレース用である。自動車でいうところのフォーミュラーカーやラリーカーに近い存在であり、乗る人と走る場所を選ぶ。万人向けのファミリーカーやSUVのように、気軽に普段使いするには少々無理がある。主にオンロードを走ることから、ロードバイクの定義に、クロスバイクやツーリング車まで含める方もいるが、本書ではロードバイク＝ロードレーサーとして説明していく。

細いタイヤは体を疲れさせる

ロードバイクには、苦手とする用途があることを知っておこう。

たとえば、あの細いタイヤは、単純に高速走行には向くが、空気圧を高圧にセットするため、チューブに充填する空気量が多い太めのタイヤを履いた自転車と比較すると、乗り心地はかなり硬くなる。ゆえに、きっちり体を鍛えないと路面から伝わる振動で疲れてしまい、快適に走れないのだ。僕の経験上、十分なトレーニングなしで長距離を走った場合、ある程度、太いタイヤを履いた自転車のほうが、結果的に体は楽だったりする。

フレームの剛性が年々高まっている

ロードバイクのフレームは、傾向として、年を追うごとに剛性を高めている。それは、鍛え上げた選手の体から発せられる力を少しも無駄にすることなく推進力に変換するため。鍛えられた体は、エンジンでありサスペンションでもある。そして、ハイエンドになればなるほど、フレームそのものの剛性は上がっていく。パーツで乗り心地を改善する手もあるが、それでも限界はある。

ロードレースはリアルスポーツ

ライディングには、空気抵抗を軽減し、体の動きを助けるピチピチの機能性ウェアを着る。足元は、パワーロスを防ぐ専用のビンディングシューズ（スキーのようにペダルとシューズを固定するシステム）を履く。スニーカーで乗るなんて、サンダルでサッカーをするようなものだ。

さらにトップレベルの選手のメソッドを学び、ショップのスタッフや先輩ライダーに助言を受け、練習に練習を積んで、ようやく一人前に乗りこなせるのがロードバイクである。

ロードレースとは、柔道やアメリカンフットボールなど、ほかの競技スポーツと同様に、きっちりと様式にのっとって楽しむリアルスポーツであることを理解してほしい。

休日の大切な時間をトレーニングにあてる自信がないなら、流行を追わず、ロードバイク以外の自転車を探してみよう。幸せな時を過ごせる自転車は、星の数ほどある。

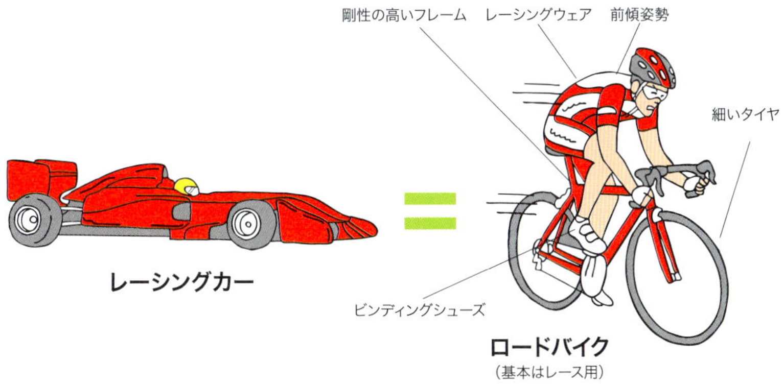

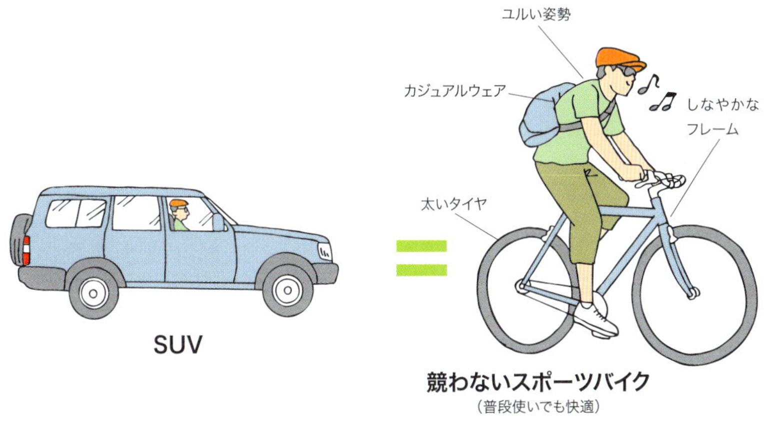

前傾姿勢は首を痛める

久しぶりのロードバイクで 前傾姿勢の辛さが身にしみた40代

たしか2004年のこと。雑誌の取材のため、伊豆大島に渡りポルシェのロードバイクを試乗した。そのとき、静かな下り坂でペダルをこぐ足を止めたときに聞こえたラチェット（フリーギア内部にある金属の部品）の音が、まるで911（クルマのポルシェ）のエンジン音のように機械的で美しい高音を奏でた。それに聞き惚れ、数か月後に購入した。

それから、多摩川サイクリングロードや三浦半島一周など、休みのたびにロングライドを楽しんだ。そして、同年9月にはハワイで行なわれたホノルルセンチュリーライドに参加した。

中学から高校時代にはBMXのトレーニングのため、また社会人になってからは一時期、トライアスロン出場を目指し（水泳がダメすぎて断念）、ロードバイクには乗っていたが、きちんと乗るのはおよそ10年ぶりのことだった。

ホノルルで160kmを完走して、思ったのは、「体がしんどい！」ということ。当時は41歳。首、掌《てのひら》、脚と、いたるところが痛い。青い空、青い海を見ながらのロングライドは、絶対に気持ちよいはずと思ったが、体の痛さが勝り、とても楽しいという思い出にはならなかった。

その後も、週末ごとにロードバイクに乗っていると、ある日、首の痛みが慢性化していることに気づいた。ひどい肩こりに加えて、右腕がしびれるほど。

お嬢様がサイクリストという近くの名医にかかると、「これね、自転車に乗っているでしょ。首の骨が神経を圧迫していますよ。自転車はやめられないでしょうから、普段から顎を引いて、よくストレッチしてください」と。それから先生に教わった方法（右手の親指に印を付けて体の下に伸ばし、顎を引き、それを眺めるだけ）を毎日４～５分、思い出したときに行ない、それを続けることで、嘘のように痛みが取れた。

考えてみれば、ロードバイクの前傾姿勢は、風の抵抗を減らすために、頭をグッと低いポジションにする。その姿勢で、クルマや人の通行が多い都市部を走れば、当然、視界を確保するために、顎を上げた状態で、周囲の状況を見渡すことになる。荷物を背負っていたら、さらに体の負担は増す。そんな状況を一日数時間続け、数日おきに繰り返していたら、当然、首の後ろがダメージを受ける（選手は、ストレッチや筋肉トレーニングを複合的に行ない、痛みが出ないよう鍛えている）。

そんな記事を自分のブログに書いたところ、今でも多数のアクセスがある。きっと同様の痛みを覚えた人が少なからずいるのだろう。

首の痛みをとるストレッチ

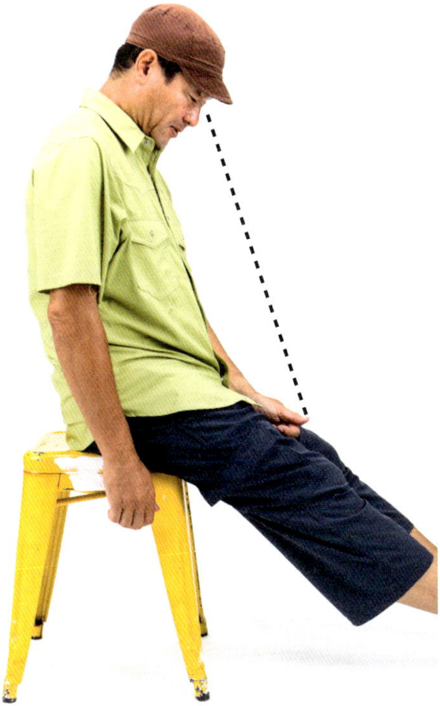

左右どちらかの親指に5mmほどの線を描く。椅子に座り、背中を伸ばし、あごを引き下方に伸ばした手の親指につけた印を4〜5分見る。これを毎日繰り返すことで、ロードバイクで痛めた首が格段に楽になった。

アップライトな自転車にすると首の痛みは解消した

そして、2007年には、アップライトなハンドルバーを有する愛車＝サーリーのクロスチェックでホノルルセンチュリーライドを完走した。しかもこのバイクは、シングルスピード＝変速機なし。タイムを見ると、ロードバイクで完走したときよりも1時間近く早くゴールしていた。脚の筋肉疲労はあるものの、体に痛みはない。広い視界のおかげで、景色もたっぷり楽しめ大満足だった。

そのとき、ロードバイクだけが、ロングライドに適した自転車ではないことを学んだ。むしろ、日々のトレーニングをしていない人なら、楽な姿勢で乗れるスポーツ自転車のほうが、体に優しく、しかも、楽しいと感じるようになった。

今はもう50歳を越えたが、楽な姿勢の自転車なら、生涯無理なく乗り続けられる気がする。皆様も、もし体が辛いと感じたら、無理に乗り続けず、楽なポジションで乗ることを試していただきたい。

ホノルルセンチュリーライド160kmをフルカーボンのロードバイクで走ったときには、体がキツく、景色を楽しむ余裕すらなかった。

ロードバイクよりも、快適にロングライドを楽しめる自転車はたくさんある。とくに前傾姿勢をゆるめることで、体は格段に楽になる。

サーリーのクロスチェックのシングルスピード仕様でホノルルセンチュリーライドを完走。体へのダメージは軽く、ロードバイクで参加したときよりもタイムは向上。

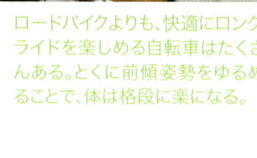

Lesson 5

ロードバイクはデイパックを背負うことを想定していない

背負って走ると首、腰、尻が悲鳴をあげる

「ロードバイクで街中散策」「ロードバイクでユルくツーリング」。なんていう見出しを雑誌で見つけると、「大変そうだな」と心配になる。なぜなら、それはレーシングカーで街中散策や旅をするような行為だから。幸い、自転車の場合、レース機材でもライトやベルなどの保安部品を装着すれば公道を走れるし、使えないことはない。ロードの世界には、昔から「ファストラン」という速いスピードで長距離を移動するツーリングスタイルがあり、そんな用途にはぴったりだ。しかし、「ユルく」乗るには、無理がある気がする。

そもそもロードバイクとは、バックパックを背負って走ることを想定していない。レーシングジャージの背中に入る最小限の行動食やスペアチューブしか持たないことが大前提であり美徳である。だってツール・ド・フランスを走る選手が、大きなデイパックを背負っている姿を見たことないでしょ。

腕をぐっと前に突き出し、背中をきれいにカーブさせ、低い姿勢を保つレーシングポジションにセットしたロードバイクで、重く大きなバックパックを背負って走れば、それだけで、首、腰、尻の負担が増えて、体が悲鳴をあげる。僕には、それが快適で楽しい旅とは結びつかない。

もちろんメーカーも賢く、ロードバイクでありながら、前傾姿勢をゆるめたり、硬さとしなやかさの具合を計算して設計できるカーボンファイバーの特性を生かし、乗り心地を改善したモデルもある。それでも限界はあるわけで、散策やツーリングに使うなら、最初から専用にデザインされた自転車を選ぶほうが賢明だ。

バッグを背負うならコンフォートな乗り心地の自転車で

たとえば後輪の両サイドにキャリアを取り付けるネジ穴（タボ）があるような、広い用途に対応できるフレームのツーリング車などを選べば、そこにキャリアとパニアバッグ（サイドバッグ）を取り付けて、体の負荷を軽減することもできる。デイパックを背負って走りたいなら、コンフォートな乗り心地のサドルが似

合うクロスバイクなどの自転車を選べばいい。

自動車にスポーツカー、SUV、ミニバンなどの選択肢があるように、スポーツ自転車の中にも、スピードを楽しむロードバイク、旅をするためのツーリング車、山道を走るMTB《マウンテンバイク》、コミューターとして便利なクロスバイクなど、数多のジャンルが存在する。そこから自分に合った自転車を探す楽しみを飛ばしてしまうのは、あまりにももったいない。

皆が皆、スポーツカーに乗っている国などないわけで、自分にふさわしい自動車を普通に選べる日本国民が、なぜ自転車となると、迷わずロードバイクを選ぶのか、不思議な気がしませんか？

キャリアとサイドバッグを装着すれば、重い荷物を背負わず、快適にサイクリングを楽しめる。

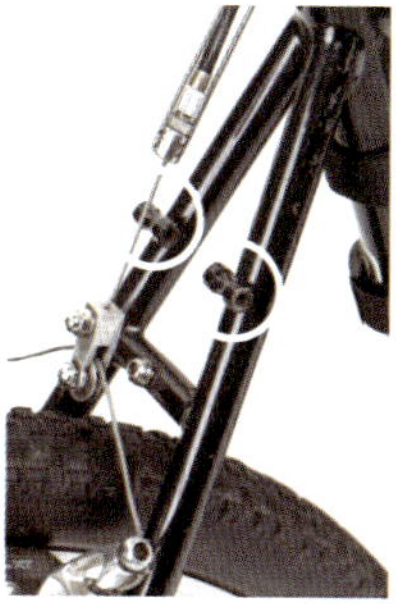

ダボと呼ばれるネジ穴。キャリアや泥除けを加工なしにネジ留めできる便利な穴。

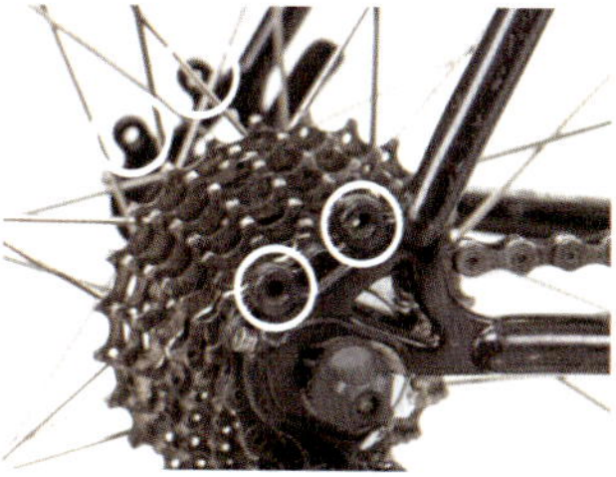

カメラなど振動で壊れやすいモノを持って走るときには、バックパックの中に入れて運ぶ。旅の要素に合わせて臨機応変に。

Lesson 6

自転車を軽さだけで選んではいけない

フレーム設計とハブがよければ重くても軽く走る

この10年ほど、仕事の都合でファットバイクという新しいカテゴリーの自転車に接している。タイヤ幅は4インチ（約10cm）以上。まるでモンスタートラックのような極太タイヤを履き、雪道やぬかるみをグイグイ走れる自転車だ。

「重くないんですか？」「何kgあるんですか？」。

その自転車を初めて見た人は、決まってそんな質問をする。そんなときは、「すごく重いです」と答えると、皆、「大変だねー」などと言って笑ってくれる。ファットバイクの重量は、15kg程度のものもざらにある。それは競技用のロードバイク2台分に相当する。しかし、きちんとした志があるブランドのモデルに限っては、見た目に反し、その重量を感じさせないほど軽く走る。なぜか？

それはペダルを踏み込んだトルクが、坂道でも、滑りやすい道でも十分に地面に伝わるような高度な設計が施されているから。そんな設計に加えて、「ハブ」というスポーツ自転車にとって、もっとも重要な回転系のパーツに、軽やかに回転する高品質な製品を取り付けているからだ。

たしかに長い上り坂を走り続けたり、ハイスピードで長時間走るなら、軽い自転車のほうが有利だ。でも、普通の人が休日に、ちょっとしたサイクリングを楽しむために、重量7kgの自転車は必要だろうか？

もし、自分が常に自転車を担いで走るとしたら、間違いなく少しでも軽い自転車を選ぶ。しかし、自転車は乗って走るものであり、シクロクロス（ロードバイクに近い自転車で、主に未舗装路を走るレース。泥やぬかるみは担いで走る）のように特別なシーンでもなければ、自転車を担ぎ続けるようなことはないのだから。

経験上、軽いパーツは壊れやすい

かつて僕がMTBレースをしていたころは、ボルトひとつにまでチタン製品を使い、わずか1gでも軽量化することにこだわり大枚をはたいてきた。しかし、軽く高価なパーツに限って、あっさり壊れるのだ。そのレースに勝つために極限まで軽量化されたフレームやパーツは、1レースで壊れても一番にゴールすればいいわけで、それ以上の耐久性は必要とされない。そんなものを知らずに旅で使ったらどうだろう？　故障による時間のロスに直結すると考えるのが自然だ。

ドイツ人は「いいものは重い」と考える

海外の自転車ブランドのカタログには、重量表記がないことが多い。それは自転車の重量と性能がイコールではないことを市場が理解しているからだ。ドイツの自転車メーカーを取材した際には、「わが国ではいいものは重いと考える人が多い。だから自転車も軽いものは敬遠されます。重いものはたいてい、丈夫で長持ちしますからね」なんて話も聞いた。

日本の国民性か、数字の比較が大好きな人が多く、とくに専門的な知識がない人に限って、重量という数値や軽さにこだわりすぎる傾向にある。その考え方こそが一番の重荷であり、まずはそれを下ろして頭を軽量化してから自転車を選ぶといい。

しかし、輪行（自転車を分解して袋に入れて電車などの公共交通手段を使う自転車旅のスタイル）する場合には、担いで歩くため総重量は軽いほうが楽だ。

とはいえ前述したように、過度の軽量化は、フレームやパーツの強度を落とすリスクにつながる。自分がどう乗るかをよく考え、軽くする部分と強度を必要とする部分の優先順位をつけ、それに合った自転車を選ぶ。足りない部分は、カスタムして理想に近づける手もある（Chapter3参照）。まずはChapter2で自転車を選ぶ楽しさを掘り下げよう。

重くても雪上を自在に走れるファットバイク。

自転車の楽しさは重量の軽さには比例しない。

自転車はもっとユルく乗りませんか

スラックキーならぬ スラックライドで行こう

休日のサイクリングロードを走ると、苦しそうな顔、怖い顔で走っている人と、たびたびすれ違う。こんなに楽しい乗り物に乗って、なぜそんな表情になるのか、一度聞いてみたいものだ（向かい風が強い日は皆、そうなるけど）。

自転車というのは、子供から老人まで、年齢、性別に関わらず楽しめる乗り物。体を鍛えるために乗る人もいるだろうが、それでも笑顔で乗ったほうが楽しいに決まっている。まあ、あまりニヤニヤしながら走っていると変質者と間違われるし、口をあけていると虫を食っちゃうので、ほどほどに。

どうやって笑顔で乗るか、コツがあるとすれば、それはユルく乗ること。スピードをユルく、ギア比は軽めで、気持ちもユルく乗る。ハワイの音楽にスラッキー（正確にはスラック・キー）ギターというジャンルがある。それはギターの弦のチューニングをあえてゆるめ、心地のよい音を奏でるために構築された奏法だ。これを自転車に置き換えれば、スラックライドとでもいうべきか。

競うのではなく、ホビーとして楽しむこと。スピードを求めるのではなく、風を感じ、景色や人との出会いを求める。

僕がなんて言おうとロードバイクで速く走ることがスポーツバイクの王道であることに変わりはない。ならば、ユルく乗るスタイルは、まさに時流に逆らうカウンターカルチャーだ。今でこそマイノリティであり、気づいていない人が多いが、カウンターパンチが効けば、時代を変えるほどの力を秘めていることを僕は知っている。90年代に大ブームを巻き起こしたMTBですら、草創期には「あんなものは自転車ではない」「ヒッピーの乗り物」と嘲笑された時代があったのだから。

もちろんユルく乗るというのは、道交法を逸脱したり、でたらめな走り方をすることではない。大人として他人に迷惑をかけないライドが大前提であり、高い走行技術や素早い判断力を身につけながらも、心はユルく笑顔で乗るのだ。

お手本はヨーロッパのプロムナードスタイル

そんなユルい大人の自転車文化が発達した欧州に行くと、プロムナードというスタイルのハンドルを付けたスタイリッシュなスポーツ自転車を颯爽と乗りこなす紳士淑女を目にする。フレームは細身。それは、クロモリという、アルミやカーボンのフレームが主流となる前に、ロードバイクでも使われていたスチール（鉄）素材（じつは今でもあえてこの素材のロードバイクに乗る人も多い）。この素材の特徴は、総じて乗り心地がよく、丈夫で比較的安いこと。そして、サドルは高めにセットし、しっかりと脚を回転させる。これこそがスポーツ自転車である証であり、足付き性能を優先させた買い物自転車との最大の違いだ。そんなフレームから、ステムというパーツを介し、ドロップハンドルとは正反対の上方向にアールを描いたハンドルを取り付け、前傾姿勢をユルめている。そんな自転車は視覚的にもユルく見えるからおもしろい。

ユルい自転車というのは、前傾姿勢のユルさと乗り心地のよさが絶対条件である。前傾すればするほど、空気抵抗は減り、スピードは出しやすくなる。半面、視界は狭くなり、景色を楽しめなくなる。それに首も疲れる。だからどんなに風の抵抗を受けようが、乗車姿勢はあえて前傾

欧州内でも国によって主流となる街乗り自転車のスタイルは異なる。ドイツではアルミフレームでアップライトなポジションにした自転車が目立つ。

させずアップライトにすべきだ。

ユルく乗るためにはスチールのフレームのほか、太目のタイヤが有効である。サスペンションを持たない自転車は、フレームとタイヤがサスペンションの役割を果たすことで、はじめて人が快適に乗れる。ユルく乗りたい人は、間違っても乗る人の体が、サスペンションの役目をすることを強いるガチガチに硬い自転車を買ってはいけない。

そんなユルい自転車カルチャーは、2000年代前半からアメリカでも注目されはじめ、ミネアポリスやポートランドなどで、自転車都市としての成長と歩幅を合わせるように広がった。カテゴリーとしては、コンフォートバイクとかシティバイクなどと呼ばれ、サーリー、ジェイミス、ラレー、シュウィン、ライナスなどの量販ブランドや、ポートランドのハンドメイドブランドが、このカテゴリーをリードしている。通学自転車や買い物自転車など、独自の文化を持つ日本ブランドは、競技用や実用品ではなく、自由な遊びから開発が始まるこのようなカテゴリーが苦手のようで、これといったヒット作はまだ生まれていない。

現状、輸入ブランド中心ではあるが、日本でも確実に選択肢は広がっている。欧州で生まれたプロムナードというスタイルが、アメリカで進化し、ガラパゴス化した日本市場へ。休日を笑顔でサイクリングするためのユルいスポーツ自転車は、日本でも感度のいいショップから入り、独自進化を始め、ロードバイクの影で、じわりと広まっている。

アメリカでは、ロードバイクやMTBなどガチのスポーツ自転車の人気も高い。だが、洗練された自転車都市には、アップライトなユル乗り自転車を好む人がじつに多い。

買う前に知っておくべきこと

Chapter

2

Lesson 1

簡単な修理は自分でするくらいの気持ちで

スポーツ自転車はそもそも修理がしやすい

スポーツ自転車のよいところは、構造がシンプルであること。六角レンチと少々の専用工具があれば、簡単に分解、組み立てができる。工具を使わずにホイールの着脱ができるように工夫されていたり、サドルの高さをレバー操作だけで変えられるものもある。ライディングポジションの調整や簡単なメンテナンスを自分でできるよう、親切に設計されているのだ。自分の手で、注油などのメンテナンスをしたり、簡単な部品交換をするのもまた、自転車の楽しみである。

いわゆるママチャリなどの生活自転車は、メンテナンスのしやすさよりも、丈夫さや日常生活における実用性を優先しているため、泥除けや頑丈なスタンド、それに据付のライトやフルカバーのチェーンガードな

本書で使う工具

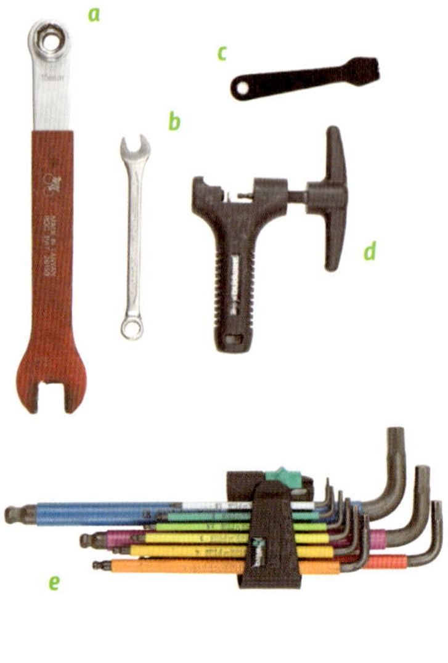

a. ペダルレンチ
ペダルの着脱に使う工具。ペダル用の15mmスパナのほか、固定ハブのボルト着脱用のメガネレンチ(14、15mm)付き。

b. コンビネーションレンチ
8mmのコンビネーションレンチは、キャリア(荷台)のステイを調整する際に使用。車種によってはブレーキ周りの調整でも使う。

c. ペグスパナ
チェーンリング(フロント側のギア板)を着脱する際に、特殊な形状をしたナットを裏側からおさえるための専用工具。

d. チェーンカッター
チェーンの長さを調整する際に、チェーンをつないでいるピンを押し出すための専用工具。ピンを押し込む際にも使用する。

e. アーレンキー(六角レンチ)
スポーツ自転車の場合、4、5、6mmの出番が多い。片側がボールポイントのものは、工具がまっすぐに入らない箇所に便利。

ど、パーツ点数が多く、分解しにくいように作られている。

最低限パンク修理はマスターしておきたい

出かけた先で自分の自転車が故障したり、調子が悪くなることは珍しくない。とくにパンクするリスクは、自転車で移動する限り、必ずやつきまとう。必要以上に心配することはないが、遠くへ走れば走るほど、自転車店がないような地域を走ることも増えるだろう。だから、最低限、パンク修理ぐらいは自分でできるようにしておこう。

親切なショップなら、初心者を対象にしたパンク修理教室や、簡単なメンテナンス講座なんかを実施している。購入前に、そんなサービスがある店を探すことから始めてみるのもいいだろう。

そして、パンク修理ができたら、ハンドルやサドルを外して、取り付け直したり、コツがわかれば意外と簡単な変速機の調整など、各部を積極的にいじってみよう。当然、そんなことをすると、部品を壊したり、調整が狂ってどうにもならなくなることもある。でも、それを授業料と考え、徐々に経験を積めば、必ずや自分でいじれるようになる。

僕も、買ったばかりのパーツを壊して悔しい思いをしたことは数え切れないほどある。パーツのサイズが違い、合わないことなんて今でもあ

スポーツ自転車の多くは、工具を使わずレバー操作で車輪の着脱ができるように作られている。パンク修理や輪行の際に便利。

サドルの高さを簡単に調整できるよう、シートクランプにレバーが付けられているタイプ。MTBやフォールディングバイクに多い。

る。最終的に困って、どうしようもなくなったら、自転車を買った店に持ち込み、事情を説明して直してもらえばいいのだ。もちろん修理代金はかかるけれど、怖がらずに挑戦してみよう。

分解、組み立てをすると自転車の構造がよくわかる

上位機種では、油圧式のディスクブレーキや、電動式の変速機など、素人には、簡単にメンテナンスできないようなパーツも増えているが、自転車の構造は、ここ数十年、基本的には大きく変わっていない。一度覚えてしまえば、一生、自転車と深く付き合えるので、ぜひ高い志と少しの勇気を持って、分解、組み立てに挑んでほしい。スポークやベアリングまで外す必要はないが、手始めにタイヤ、ペダル、サドル、ハンドル、ブレーキ程度をバラバラにしてみる。そして、一から組み立ててみてはいかがだろう？

幸い、僕の場合は、実家が自動車整備工場だったので、常に工具が身近にあった。機械的なことを理解している職人もたくさんいた。小学３年生の頃に買ってもらったセミドロップの自転車を、小学5年生になる頃には飽きてしまい、近所の自転車ショップに通っては部品を買い集め、ついでに修理の仕方を見て学んだ。そして、小学6年生になるころまでに、自分ですべてを分解し、組み立て直し、ツーリング車のように仕立てた。親切な塗装工のおじさんが、おもしろがって、フレームをきれいなオレンジメタリックに塗り換えてくれたりして。

そんなことをするうちに、変速機の構造を理解したり、チェーンの長さの調整方法や、ブレーキのタッチを軽くする方法などを会得した。その後はレース中に急なトラブルに対処するスピードも身につけた。だから今でも、ホイール組み以外は、ほぼ自分でやっている。

スポーツ自転車の真髄を極めたいのなら、自分でいじることまで考えて最初の一台を決めるのも一考だ。

本当のことを言うと、最初はピストやクルーザーなど、変速機がついていないシングルスピードというカテゴリーの自転車を選ぶべきだと思う。それは構造がシンプルで、分解、組み立てが至極簡単だからだ。

これができてから変速機付きの自転車を買い、徐々に自分でハードルをあげていけばいい。欧米で、子供たちにBMXを買い与えるのが一般的なのは、そのような未来を見据えた教育的な側面もある。

パンク修理のやり方

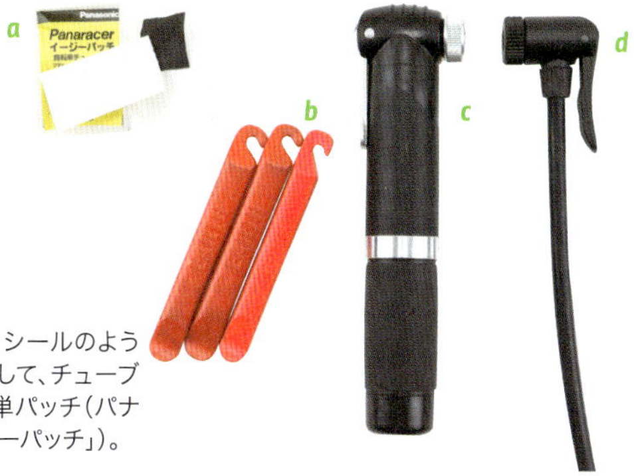

必要な工具

a. パッチ

ゴム糊を使わず、シールのように剥離紙を剥がして、チューブに貼るだけの簡単パッチ（パナレーサー「イージーパッチ」）。

b. タイヤレバー

タイヤをリムから外すときに使う工具。通常2本で外れるが、折れる場合もあるので最低3本用意する。

c. インフレーター（空気入れ）

旅先でのパンク修理を想定して、持ち運びに便利な小型のものを使用。小さいほどポンピングの回数は増える。

d. ポンプアダプター

携帯用のインフレーターの先につないで、ポンピングの操作をしやすくする延長ホース（東京サンエス）。

1 仏式バルブ（P.99）では、キャップを外してバルブ先端のネジをゆるめる。

2 先端を軽く押して、チューブに残っている余分な空気を排出。

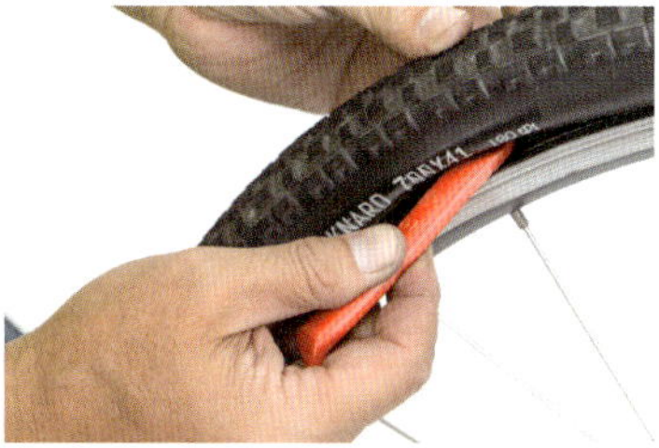

3 タイヤレバーの平らなほうをリムとタイヤの間に差し込む。

4 先端を入れたまま手前に起こし、カギ型の部分をスポークにかける。

5 1本目を留めたら、2本目を10cmほど離れたところに差し込む。

6 1本目のレバーと反対方向に送ると、徐々にタイヤの端が外れてくる。

7 タイヤの片側を外したら、次にバルブを抜き、チューブを取り外す。

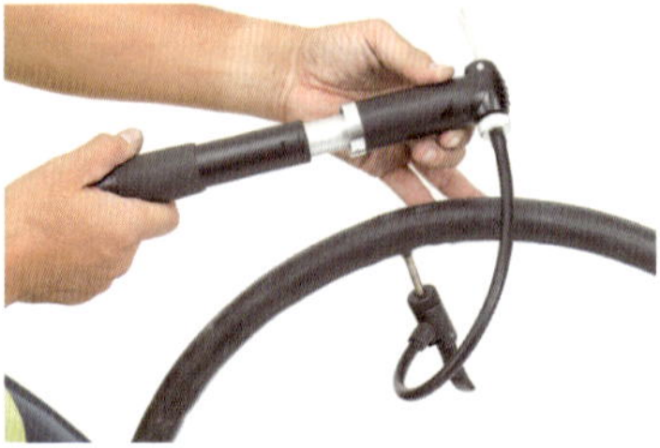

8 インフレーターをセットして、一度、軽く空気を入れてみる。

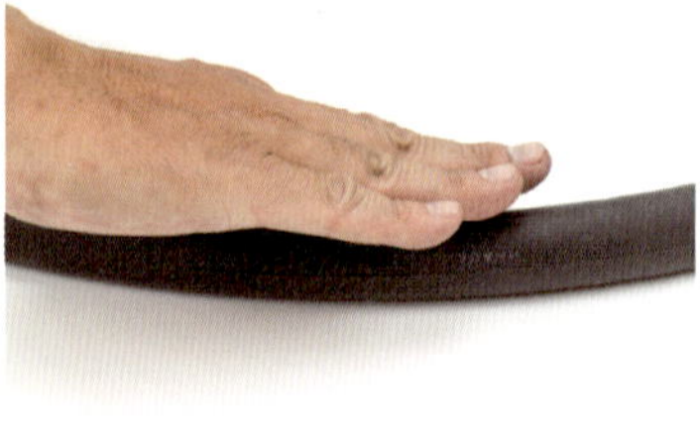

9 音と風を頼りに穴の開いている部分を探す。水の中に入れるのもあり。

10 穴が見つかったら、周囲2cm四方を目安に付属の紙やすりでこする。

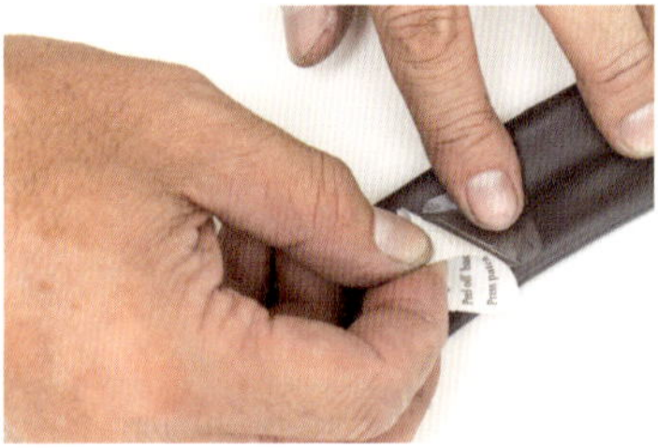

11 汚れを拭き取ったら、パッチを端から丁寧に貼る。

12 しっかりと固着するよう、タイヤレバーなどでこすって圧力をかける。

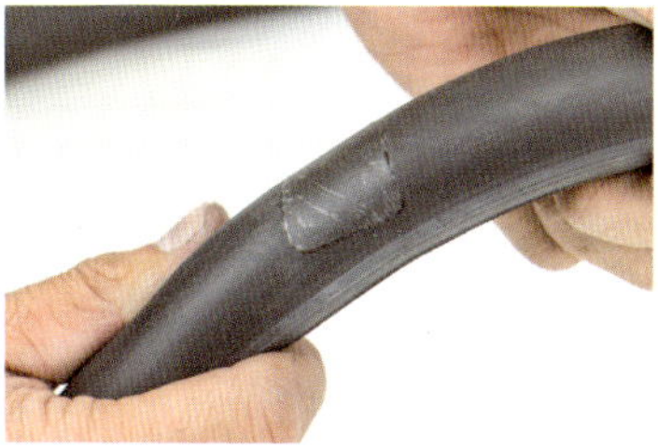

13 この状態で、一度空気を入れてみて、漏れや、ほかの穴がないか確認する。

14 タイヤの中にチューブを戻したら、バルブを穴に入れる。

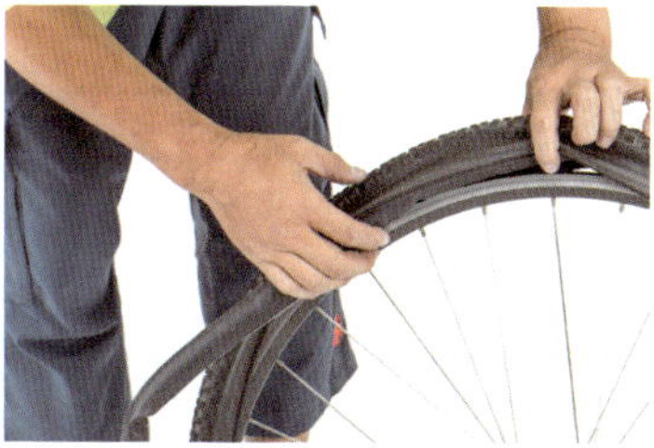

15 タイヤの端をリムに入れる。バルブが曲がって装着されないよう注意。

16 バルブに近いところから、左右両方向に均等にはめていくとうまくいく。

17 タイヤの端とリムの間にチューブが挟まっていないか、1周確認する。

18 少し空気を入れた状態で、タイヤがズレて入ってないか確認する。

19 規定値または勘で、適正または好みの空気圧まで充填する(P.96)。

20 バルブのネジをきちんと閉め、最後にキャップをつければ完了。

Lesson 2

自転車とは大きな棚。引き出しは増え続けている

どの引き出しを開けるか楽しみはそこから

それは2006年のこと。当時、サーリーに所属していた開発者の一人、ニック・サンディにインタビューをしたときの話。

「自転車とは、言うならば大きな棚なんだ。そこにはたくさんの引き出しがあり、その引き出しの数は今でも増え続けている。ロードバイクという引き出しだけを開けて満足していたら、もったいないと思わないか。そこには、ツーリング車やMTBや、数え切れないほどの引き出しがあるんだから」

目からうろこだった。せっかく様々なジャンルの自転車が存在するのに、いろいろ試してみなければもったいないよね。

大きく分けて、ロードバイク、クロスバイク、MTB、シクロクロス、ミニベロ（小径車）、フォールディングバイク、ツーリング車、ピスト。そんな数あるカテゴリーの中から、そのときの気分で自分にふさわしい自転車を探し選ぶことも、スポーツ自転車の楽しみだ。

8つのカテゴリーのそれぞれの特徴は…

スピードを追求したり、仲間とロードレースに参加をしたり、体に負荷をかけトレーニングをしたいならロードバイクを推奨する。

通勤、ポタリング（散歩するように自転車で散策すること）、軽いツーリング、軽いフィットネスライドなどに使うなら、多くの人がなじみやすく、しかも用途が広いクロスバイクが向いている。

山道や河川敷の未舗装路を走ったり、乗り心地のよい自転車が必要ならサスペンションを搭載したMTBがいい。

今が旬で、ここ数年、国内でも盛り上がっている競技のひとつ＝シクロクロスに出場し、仲間とワイワイ楽しみたいならシクロクロスバイク。

車輪が小さい分だけこぎ出しが軽いミニベロは、信号待ちやショッピングなどストップ＆ゴーを繰り返すことが多いシティライド全般に向く。

小さく折りたたんで玄関先に保管したり、クルマに積んで観光地に運んでポタリングを楽しんだり、公共

交通機関と組み合わせた旅に使うなら、簡単に折りたためるフォールディングバイクが好適だ。

速く走る必要がない スポーツ自転車もある

キャリアやバッグを取り付けて自走の旅に出たり、リラックスしたポジションで長距離を走るには、ツーリング車が向いている。

そして、小気味よいキレキレのハンドリングと変速機のないダイレクトな漕ぎ味、自転車の構造を一から学びたいならピスト（競輪用自転車のように、フリーギアではなく固定ギアで組まれた自転車）を推奨する。

ほかにもファットバイク（P.21）やロングテールバイク（P.11、151）など、おもしろい特徴を持ったスポーツ自転車は数々ある。また、ここで紹介するジャンルの中間に位置するような、分類することすら極めて難しい車種も存在する。レースと違って、公道で楽しむための自転車については、カテゴリーなんて単なる目安にしか過ぎない。だから、それほどこだわる必要もない。自転車という棚に、いろいろな引き出しがあることだけを、まずは知っておこう。

ロードバイク
スポーツ自転車の代表選手がこれ。スピードを競うため、長距離を速く移動するために設計されている。タイヤは細く重量も軽い。

クロスバイク
ロードバイクのスピードと、MTBの扱いやすさをいいとこ取りした万能車。スピード志向の車種と、エントリーユーザー向けがある。

MTB(マウンテンバイク)

未舗装路を楽しく走るための道具。前輪のみサスペンションを搭載したものは、乗り心地がよく、街乗りや旅用にも快適に使える。

シクロクロス

ロードバイクをベースに、未舗装路を走れるように太いタイヤに対応したり、ブレーキを強化したハイブリッドモデル。

ミニベロ

車輪径が24インチ以下の車種のこと。小径車とも呼ぶ。こぎ出しが軽いため、信号待ちからの発進が多い都市移動で有利。

フォールディングバイク

折りたたみ自転車のこと。近年は、生産技術の向上により、本格的なロングライドを楽しめる剛性の高いスポーツモデルが増えている。

ツーリング車

旅をするための自転車。重い荷物を積んで長距離を移動するために、直進安定性や乗り心地を重視した車種が多い。普段使いするにもいい。

ピスト

競輪用の自転車またはそれを街乗り用にアレンジした車種（前後ブレーキは必須）。シンプルな構造ゆえ自転車の真髄を知るにはよい。

スポーツ自転車は室内で保管する

スポーツ自転車はママチャリに比べて雨に弱い

スポーツ自転車を購入する人が、意外なほど知らない事実がある。それが保管場所についてだ。

大前提として、スポーツ自転車は、スポーツの道具である。そんなことは誰でも理解しているだろう。それならば、当然、雨風の当たらない場所に保管するのが暗黙の了解であるはずだ。サッカーのスパイクや、ゴルフのクラブを雨が当たる場所で保管する人はいないのと同じこと。スポーツ自転車は部屋やガレージで保管するものなのだ。もちろん玄関でも倉庫でもかまわない。たとえオートバイのようにカバーをかけても、屋外に置いていれば湿気の影響を受けやすいので避けるべきだ。

自転車は、金属製のパーツが多いから、雨、風、湿気から守らなければならない。

東京のように住宅事情の悪い場所でスポーツ自転車に乗る場合、この置き場所こそが最大の悩みどころとなる。でも安心を。スポーツ自転車の多くは、前ブレーキのワイヤーをサッと外し、前輪のハブに付いたレバーをひねるだけで、簡単に車輪を取り外せる。自宅に戻ったら、前輪を外し、ハンドルを90度ひねって置けば、玄関先に置いても、それほど邪魔にならない。

それでもだめなら、スポーツライドが楽しめて、しかも、乗らないときに簡単に折りたためる救世主＝フォールディングバイクだってある。

自転車が総じて雨に強そうな誤解を招くのには理由がある。それは、日本の大手ブランドが発売するママチャリが、驚くほど雨に強いことに起因する。雨ざらしで保管したとしても、５年以上メンテナンスなしに乗り続けられくらいの雨や錆びに対する徹底した処理が施されているからだ。

スポーツ自転車については、そんな対策はされていない。雨の中を走ったあとは、即座に水気を拭き取り、錆びやすい箇所に注油をしなければならない。そんな手間

前輪のはずし方

1 前輪を外す前に、ブレーキのゴムの間隔を広げてタイヤを抜けるように準備する。写真のカンチブレーキはワイヤーを手で外す。

2 クイックリリースレバーを自転車の外側に起こすと、瞬時に締め付けがゆるむ。レバーを持ったまま、反対側のナットを回してゆるめる。

3 ある程度、ナットをゆるめたら、前輪をおさえながらフレームを持ち上げれば取り外せる。取り付けは、この逆の手順で行なう。

4 このように前輪を取り外してから、ハンドルを90度曲げることで、省スペース化できる。自宅玄関などの狭い場所に置く場合に便利。

をかけることで、快適に乗れるうえ寿命が確実に延びる。逆にこれを怠ると、いつ壊れても不思議ではないほど、あっという間に劣化する。それがスポーツ自転車というものなのだ。

注油の仕方

1 ボルトやワイヤーなど金属がむき出しで錆びやすい場所にシリコン系の潤滑油を注油しておく。ボルトの頭などは、雨の日に乗ると水がたまり錆びやすいので事前にケア。

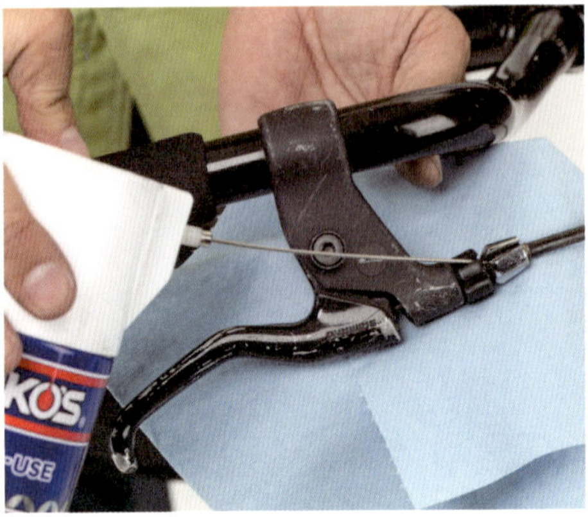

2 インナーワイヤーには、通常グリスを塗るが、僕はワイヤーを取り外す作業が面倒なので、月に1度程度シリコン系の潤滑剤を流し込んでいる。

3 雨の日に乗ったあとには、ディレイラーの稼動部に、1と2より粘度の高いシリコン系の潤滑油を必ず注油している。流れ出た油は、必ず拭き取る。

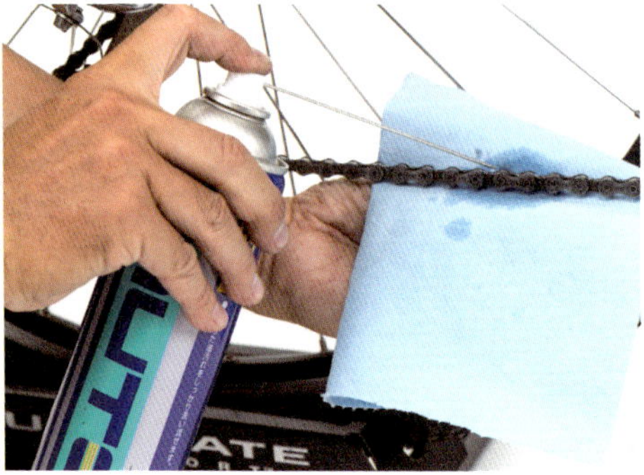

4 チェーンは、スポーツ自転車専用のチェーンオイルを充填するだけでもいいが、その前に一度、写真のような自動車用の洗浄クリーナーで古い油脂と汚れを落とすのが基本。数回に1回は掃除を。

5 スポーツ自転車専用のチェーンオイルは、耐久性や耐水性が高い。何も塗らないよりはシリコン系の潤滑剤でも塗ったほうがいいので、頻繁に手入れをしよう。

自転車のフレームには寿命がある

スチールフレームなら30年は持つ

自転車っていったい何年乗れるんだろう？　そう考えたとき、自分の経験上、一番長持ちするのがクロモリという鉄製のフレームではないかと気付いた。それは2014年の春のこと。その時点から数えて30年ほど前に乗っていた4130という種類のクロモリスチールフレームで作られたBMXを組み直し、オール・ジャパン・レジェンドBMXレースに出場した。

タイヤやチューブ、ブレーキのワイヤーはボロボロで交換を余儀なくされたが、フレームはピカピカ。とくに劣化した様子もなく、そのレースで僕を表彰台の真ん中へと導いてくれた。そのレースには、同世代の仲間も皆、同じ頃に使っていたクロモリ製の旧車を持ち込んでいたが、どれもきっちり走れる状態だった。

現在、雨の日も雪の日も、がんがん乗り込んでいる、サーリーのクロスチェックは、そろそろ8年目を迎える。多少フレームの塗装がはげたところもあるが、へたる様子もなく安心して乗れている。しかし、10年ほど前に入手したアルミ製のフォールディングバイクは、すでにフレームの剛性感が落ち始め、「これ折れないか？」と少々不安になるほど劣化していることが、微細な情報（なんとなくだが、フレームが柔らかくなってきた感じがする…）としてペダルやハンドルから伝わる。

アルミフレームのよいところは、スチールフレームと同じ強度なら重量を軽く作れること。逆に怖いところは、対応年数を越えると、乗車中に突然、折れる場合があること。乗車中に、ハンドル後方のフレームが折れて、道路に投げ出されたなんて話を聞いたこともある。メーカーの話では、最近のフレームは耐久性が向上し、折れにくくなっているそうだが、古い車種を大切に乗り続けている人は、とくに注意してほしい。

事故のリスクを考えたらスチールフレームがいい

スチールフレームも、同じように寿命を迎えたら折れる。しかし、アルミと違って、まずヒビが入り、それが徐々に広がって最後に折れる。

だから、乗っているときに異音や、フレームが変に伸び縮みするような違和感を覚えたら、すぐに降りてフレームをチェックすることで、最悪の状況は防げる。

もっともたちが悪いのがカーボンフレームではないだろうか？　カーボンファイバーは、現存するフレーム用の素材のなかでもっとも軽い。そして、もっとも高い強度と耐久性を誇る。しかし、そこには「力のかかる方向性に対して」という絶対的な条件がある。普通に乗って前へ進む分には、これほど強い素材はない。しかも、雨に当たろうが、多少の光を浴びようがほぼ劣化しない。なにせ、一度、形になったら土に戻るには天文学的な時間がかかるほど強烈

はげた塗装の直し方

1 クロモリ製のフレームは、塗装がはげることがある。1か月に1回程度はフレームの下までチェックして確認しよう。

2 塗装がはげて錆びていたら、紙やすりで軽く削り、アルコールで拭いてから、自動車用のタッチアップペイントなどを塗る。

な分子構造を持つのだから（環境負荷が大きい＝エコではない）。

しかし、計算された方向性以外の力には、極めてもろい。極端な話、休憩のときに、ガードレールの端や岩、他車のペダルなど、鋭利で固いものにフレームの側面が強く当たって表面に傷がついたら、そこから折れるのも時間の問題。フレームに傷がつきやすい輪行もできれば避けるべきだ。

これがスチールフレームだったら、たとえ表面がへこんでも、それほど影響なく乗れるケースが多い。ボロボロになるまで乗っても、鉄は再利用がしやすいから、環境にも優しい。

そのほか、空気中で錆びない特性を持つチタンで作られたフレームもある。たしかに劣化はしないし軽い。しかし、90年代に、一生物と思い込み、大枚をはたいて2台も買った僕のチタンフレームは、その後のパーツ規格の変更で、もはやパーツの更新すらできない状況になった。僕自身、まだチタンのフレームが壊れたところを見たことがない。規格さえ変わらなければ、チタンこそがもっとも長寿であるのかもしれないが、使えるパーツがなくなったら、宝の持ち腐れだ。

たしかに国産のツーリング車のように、70年代に作られたクロモリフレームでも、汎用性の高いパーツに対応していれば、今でも現役として立派に走り続けている自転車は存在する。しかし、生涯乗り続けるには、それなりにパーツをストックしたり（そんなストックを持つ気の利いた店を知っているだけでもいい）、湿気に気をつけ、定期的にメンテナンスをしながら室内保管するような、努力が必要だ。

自転車は、耐久消費材である。どんなに高価なものであったとしても、それは一生モノではない。それでも長く楽しく乗り続けたいなら、現状、ベーシックなパーツ規格に準じたクロモリスチール製のフレームを選ぶのが最善ではないか？

クロモリフレームの自転車、サーリーのクロスチェック。

フレームの素材の違い

クロモリフレーム

ほかの素材と比較すると重量は重いが、丈夫で耐久性が高い。フレームがしなやかで乗り心地がよいモデルも多い。量販車なら、買いやすい価格も魅力的だ。

アルミフレーム

素材が持つ軽量高強度という特性に加えて、近年は耐久性の向上やデザインの自由度も拡大している。クロモリ同様に買いやすい価格である点も見逃せない。

カーボンフレーム

競技用のフレームの主流がこれ。驚くほどの軽量化や高剛性を引き出すことができる。ただし、耐久性はないので、旅や街乗りなど、一般使用には向かない。

チタンフレーム

軽く、乗り心地はしなやかで、空気中で錆びないため耐久性も高い。しかし、素材自体の価格が高く、生産工場も少ないことから、高価である。

フレームの素材は鉄にかぎる

クロモリフレームは振動吸収性が高い

今、僕の部屋には4台の自転車がスタンバイしている。所有する数十台の自転車のなかで、使用頻度の高い自転車がここにある。そのうちの3台のフレームはクロモリスチール製だ。

プロムナード的な9段変速付きの自転車（自分のなかではツーリング車も兼ねる＝前述のサーリーのクロスチェック）、シングルスピードのMTB（変速機なし。主に街乗り用）、そして、ゴリゴリのピスト。残る1台は、超小径（直径8インチ）のフォールディングバイクで、これだけがアルミフレームだ。

そのほか、倉庫に眠っているほとんどのMTBもロングテールバイクもフレームはクロモリだ。

なぜ僕が鉄のフレームを好むのか？　その最大の理由は、乗り心地のよさだ。適度にしなやかで、フレーム自体が高い振動吸収性能を持つ。もちろん、メーカーによっては、クロモリでもガチガチに硬いものを販売するケースもあるが、僕が所有する鉄のフレームは総じてしなやかだ。

バテッド加工のフレームがおすすめ

その理由のひとつが、バテッドというパイプの加工技術にある。これは、フレームに使われる1本のパイプの厚みを内部で調整する技術で、一般に強度が必要な両端を厚く、中央付近を薄く作る。厚さを二段階に調整した物をダブルバテッド、三段階に調整したものをトリプルバテッドと呼ぶ。傾向として、ダブルよりもトリプルのほうが軽くしなやかに仕上げられることが多い。

逆に、安物や志の低いブランドは、同じクロモリでも、バテッドを使わない。だから乗り心地が悪くなり、重量もかさむのだ。

安くて、長持ちして見た目も飽きない

次の理由として、寿命が長いこと。40ページでも書いたが、クロモリなら手入れさえきちんとすれば、30年経っても普通に乗れる。

そして、カーボンファイバーやチタンのフレームと比較して安いこと

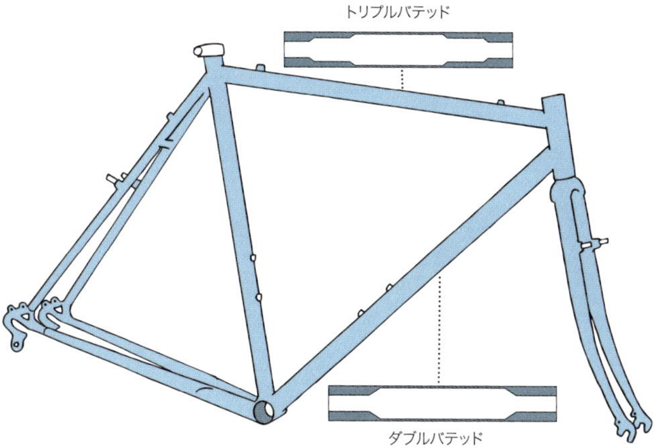

も魅力だ。フレーム単体で6万円も出せば、かなり志の高いものを入手できる。チタンなら20万円以上、カーボンでも10万円は下らないのだから、どれほど買いやすいことか。

そして、もうひとつの魅力が、見た目のシンプルさだ。昔ながらの円形チューブで構成されたフレームは、細身でシンプル。四角いチューブを機械で絞り、波のような模様にだって加工できるアルミフレームや、流れるようなカーブを複雑に組み合わせ、美しい面で構成されるカーボンフレームと違って、なにより視覚的に安心できる。まあ、これは昭和生まれの性かもしれないが、最初から古臭いのだから飽きないのは事実。

部分的なパイプの取り替えも可能

それに、スチールフレームなら、フレームの一部が破損した場合、フレームビルダーの工房に持ち込み、部分的にパイプを取り替えてもらうような荒業もできる。

万が一、お役ごめんとなったとき、カーボンと違って、鉄には素材そのものを溶かして再生するインフラが十分に整っていることもメリットといえる。

丈夫で、乗り心地がよくて、長持ちで、安い。必要以上の軽ささえ追求しなければ、クロモリスチールほど、スポーツバイクに向いている素材はないと確信する。

部屋にスタンバイしている4台

プロムナード的な9段変速の自転車

クロモリのフレームに、9段変速と90年代に使っていたMTB用のクランクやペダルを装着した旅自転車。アップライトなハンドルで、姿勢も気分もユルく乗れる。

シングルスピードのMTB

クロモリのフレームのみを購入し、手持ちの古いパーツを組み込んだ1台。幅2.3インチ（約58mm）のタイヤがゆったりとした極上の乗り心地を楽しませてくれる。

ピスト

キレキレのハンドリングに加え、固定ギアゆえのダイレクトなペダリング感覚も楽しめるスピード系のバイク。クロモリフレームなので乗り心地もよい。

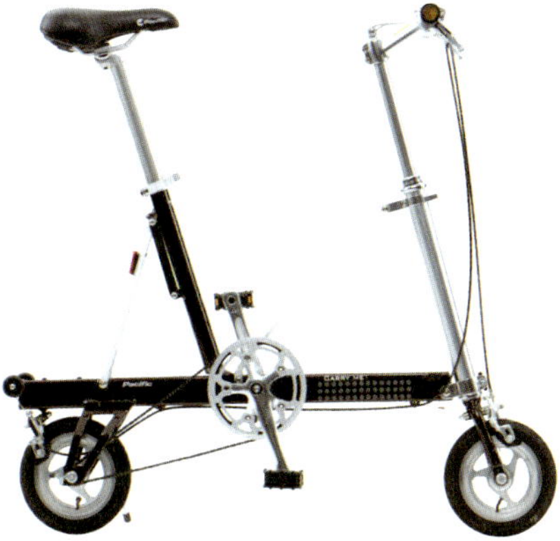

もののI分でここまでたためる。タイヤ径8インチと極小サイズだが2～3km程度は軽く走れる。

超小径のフォールディングバイク

折りたたむと、ロングスケートボードと変わらないほどのサイズになる。体の前で抱えることで、人が多い都市部の電車移動のときに重宝している。

Lesson 6

フレームの設計しだいで上りは楽になる

チェーンステイの長さが420~425mmのものがよい

自転車の性能の違いが、もっとも現われるのは上り坂だ。坂の距離が短い市街地の移動なら、それほど気にならなくても、旅の途中で長い峠を越えることを考えると、楽に上れる自転車ほどありがたいものはない。

経験上、クロスカントリー系のMTBは総じて、上りに強い。それは、上り坂でレースの結果が大きく変わるからだ。

そして、ツーリング車も楽に上れる車種が多い。元々、峠越えをするような用途を想定しているから、こちらも至極当然だ。

そんな登坂性能の高い自転車のフレーム設計をチェックすると、チェーンステイの長さ（クランク軸とリアハブの中心を結んだ長さ）が420～425mmに設定されていることが多い（例外もある）。もちろん、フレームの特性は、ボトムブラケットの位置、シートチューブの角度、フレームの素材などで複合的に決まるので一概には言えない。が、目安として、このくらいの設計のものは上りに強い場合が多い。

レース用のロードバイクは、405～410mmぐらい。ダウンヒル系のMTBは430～440mmぐらい。クロスバイクも、上りに強いはずの425～430mm程度が一般的だが、以下のような理由で上りに弱いことが多い。

しなやかさに乏しいフレームは上り坂に弱い

その理由が、フレームのしなやかさだ。クロスバイクの場合、生産性が高く、コストを抑えやすいアルミニウムでフレームを作るのが一般的。そのアルミニウムは軽い半面、しなやかさに乏しい。脚力がある人なら、そのパワーやトルクをしっかりと推進力に変えることができるが、力がないと、フレームの反発力で、地面から脚が押し戻されるような感覚になる。力を地面に伝えにくく、これが続くと疲労がたまり、坂の途中で自転車を降りて歩くことになる。

逆にクロモリスチールのフレームの場合には、素材が持つしなやかさから、踏み込んだときにトルクを貯め込み、それをうまく地面に流すよ

チェーンステイの長さ比較

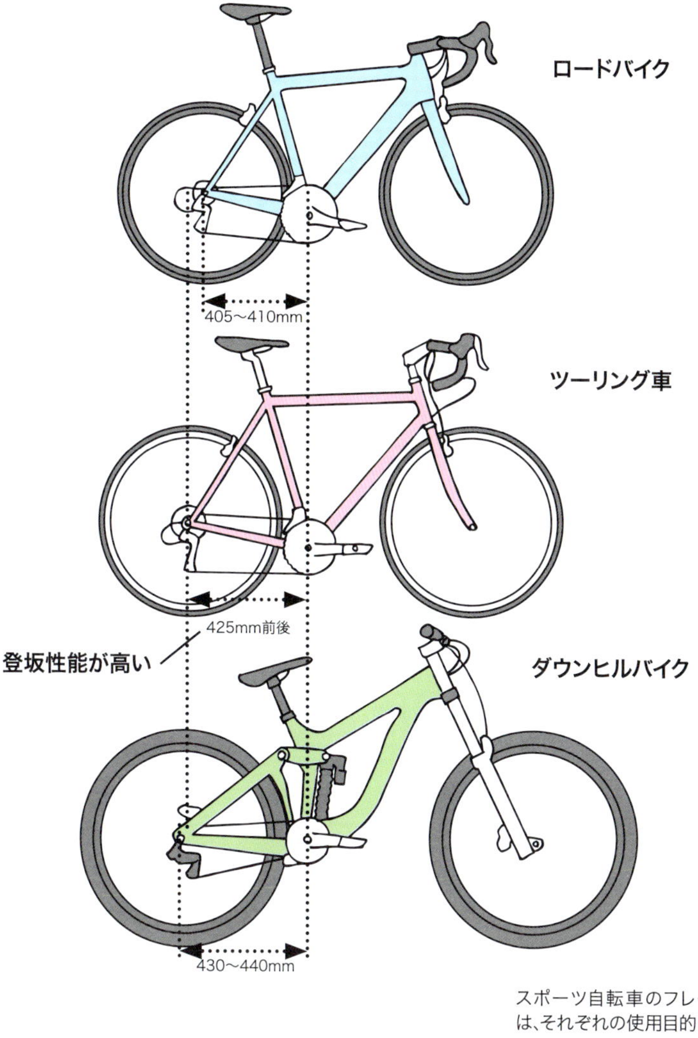

スポーツ自転車のフレームは、それぞれの使用目的に合わせて設計されている。チェーンステイの長さが違うだけでも、性能は大きく変わる。

うに伝えてくれる。これはクルマの世界で言う、トラクションが高いことと同義だ。

もし、今乗っている自転車で上り坂がうまく上れない方は、力がないのではなく、ひょっとしたら自転車の設計やフレームの素材のせいかもしれない。

これから新車を買い、旅に出るなら、クロモリフレームのツーリング車か、種類は少ないが同素材で作られたフレームを有するクロスバイク（ラレー、ジェイミスなどが販売している）を薦めたい。

その際、ひとつ注意したいのが、フロントフォーク（前輪を支えるフレーム）の素材だ。フレームはクロモリでも、コストを下げるために、この部分だけ乗り心地が硬く、重いハイテンスチールを使ったモデルは、地面からの突き上げで腕が疲れやすいので避ける。快適に乗るためには、フロントフォークがクロモリ製のもの、もしくは少々高価になるが、カーボンファイバー製を装備した車種を選ぼう。もしくは購入後に乗り心地の悪さが気になったら、フロントフォークだけを交換する手もある。

フォークだけクロモリ製

ジャイアントのエスケープR3は、アルミフレームにクロモリ製のフォークを組み合わせることで、地面からハンドルに伝わるいやな振動をやわらげる。

フレーム各部の名称

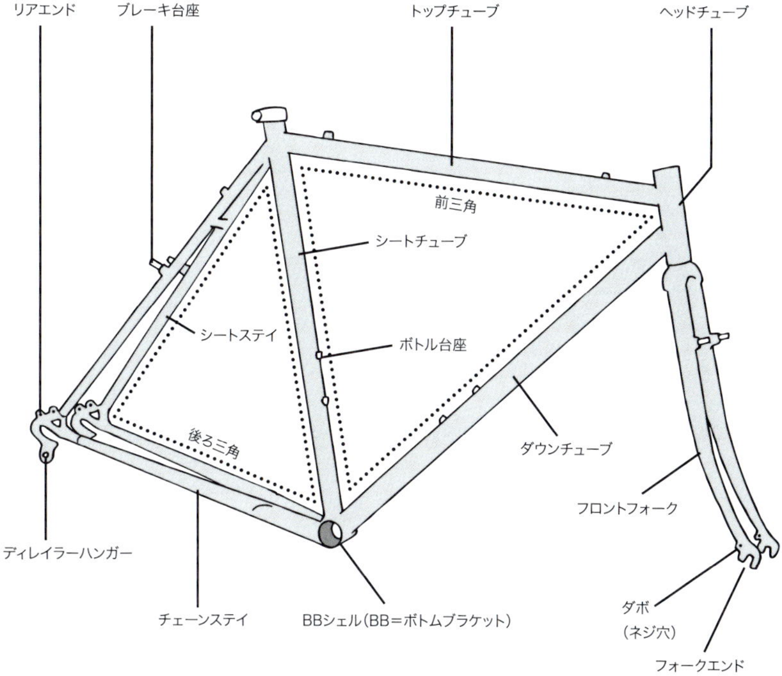

自転車のフレームは、細部まで名称がつけられている。わざわざ覚える必要はないが、一度、各部名称を読んでおくといい。

Lesson 7

軽い自転車よりも重いほうが楽に走れる

タイヤが太いと重量は重いが乗り心地はよくなる

タイヤ幅23mmのロードバイクと、タイヤ幅120mmのファットバイクを乗り比べてみる。どちらの乗り心地がいいかといえば、誰もがファットバイクというに違いない。それはなぜか？

MTBやフォールディングバイクを除き、スポーツ自転車の多くは、構造的なサスペンションを持たない。路面には、小さな凸凹から大きな穴まで、振動となる原因がある。それをやわらげるべきサスペンションがないのだから、当然、突き上げや振動は体に伝えられる。

そのかわり、自転車のタイヤには空気が充填されている。ファットバイクは、リムとタイヤの接続部分を強化することで、空気圧を１気圧以下まで下げ、タイヤがつぶれた状態でも走ることができる（見せかけだけのファットバイク＝安物の場合、タイヤは外れる）。さらに、そのタイヤの太さから、たとえ低圧でもチューブ内に大量の空気を蓄えられるから、さながらサスペンションを搭載した自転車と変わらない乗り心地となる。

一方のロードバイクは、ファットバイクの約十倍の圧力になるまで、あの細いタイヤの中に充填する。それはサスペンション効果よりも、人が発生する力を推進力に変えることを優先しているためだ。サスペンションとなるはずのタイヤも、そこまで高圧にすればカチカチとなる。逆に空気圧を抜いた状態で走ると、リムとタイヤに薄いチューブが挟まれパンクする。

では、重量についてはどうだろう？　ファットバイクのホイールセットは、ロードバイクのそれの5倍程度はある。未舗装路を走る自転車と舗装路を走る自転車との違いはあるが、対振動だけを考えるとホイールセットが重い分だけ、乗り心地がよくなっているといえないだろうか？

ここまで極端な差はないが、28mm幅のタイヤを標準装備したクロスバイクのタイヤを、同じ銘柄の32mm幅のタイヤに交換してみると、驚くほど乗り心地がよくなる。

それは、単純にタイヤに充填する空気量が増えるからだ。もちろんタイヤそのものの質量が増えるから重量も増す。もしすでにスポーツ自転車を持っていたら、一度お試しあれ。

フレームについては、同じ素材でも設計によって、乗り心地は大きく異なる。全般に乗り心地のいいスチールフレームでも、硬いものは硬い。逆にカーボンフレームでも、しなやかなものは、すこぶる心地よい。ゆえにフレームについては、軽さと乗り心地は単純に比例しない。

スポーツ自転車を購入する際、スペック表に登場する数字の軽さを気にすることは間違いではない。しかし、軽さにばかり気を取られていると、普通に走る際に大切な“乗り心地”という性能を見落とすことになる。体をいたわり、快適に走るためには、いっそのこと、そこそこタイヤが太くて、重い自転車を積極的に探してみるぐらいがちょうどよいのではないか？

タイヤにはサイズが記されている。「700」は外径、「25」は幅（mm）を示す。タイヤ交換はこれを目安に。

太さだけではなく、パターンやゴムの硬さ、重量の違うタイヤを履くことで性能を大きく変えられる。

Lesson 8

購入前には変速機よりもタイヤをチェックすべき

自転車の種類によって入るタイヤの幅が異なる

スポーツ自転車を選ぶときに、フレームやコンポーネントを気にする人はいても、タイヤを重視する人は少ないと思う。しかし、タイヤは、スポーツ自転車の性格を形成するパーツで、じつは変速機よりも重要である、と僕は考えている。

P.52で紹介したとおり、注目すべきは、タイヤの径ではなく幅だ。そして、自転車購入前に確認したいのが、何mm幅のタイヤまで装着できるかを示すタイヤクリアランスだ。スポーツ自転車のフレームは、設計段階で装着できるタイヤ幅が決められているからだ。

ロードバイクは、せいぜい25mmまで。クロスバイクは28か32mmぐらいまで。ツーリング車やシクロクロスバイクなら、38mm以上のタイヤが入ることもある。

スポーツ自転車の中でもタイヤクリアランスが大きいMTBやファットバイクを買って、タイヤだけを細くして乗るというのもおもしろい。とくに29er（トゥエンティーナイナーまたはトゥナイナー）と呼ばれる29インチ仕様のMTBは、リムの規格がクロスバイク（700C）と同じなので、MTB用の太いタイヤから、クロスバイク用の細いものまで、圧倒的な数のタイヤバリエーションに対応する。

小径車はたくさんこがないと進まない？

タイヤの径については、径が小さいほどこぎ出しが軽い。逆に径が大きくなるほど、こぎ出しは重くなるが、慣性により一度スピードが出たら減速しにくい傾向にある（ハブの回転性能にもよるので、一概には言えないが…）。

また、イメージとして、径が小さいとたくさんこがないと進まないように想像しがちだが、変速機がついていれば、適宜変速することで、好みの回転数で走れるので、その点はご心配なく。

対応するタイヤによって、その後の自転車ライフの幅が大きく変わってくるので、できれば購入前にタイヤクリアランスまでチェックしていただきたい。

各自転車のタイヤクリアランスの違い

ロードバイク

23mm幅のタイヤを装備している。ここまでクリアランスがあれば25mmまでは入る。

クロスチェック

幅41mmのタイヤを履いてもまだ余裕。幅40mm以下のタイヤなら泥除けの取り付けができるほど十分なクリアランスがある。

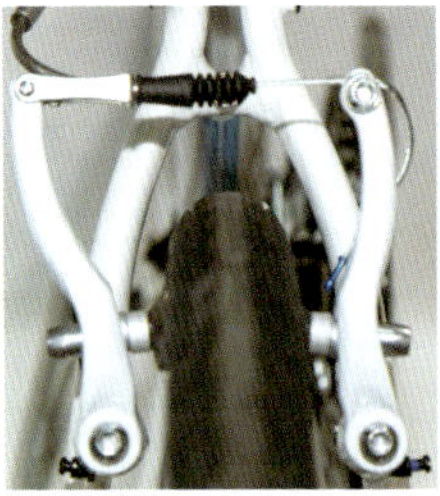

クロスバイク

写真のようなVブレーキ仕様の場合、タイヤと干渉しにくいので比較的クリアランスが大きい。

29er

元々タイヤが太いMTBゆえ、2.1インチ(約53mm)幅でも、これだけのクリアランスを確保。

One Point Advice

小径車はホイールベースに注目

小径車を選ぶ場合、タイヤの径よりも、ホイールベースの長さに注目する。この長さが、クロスバイクなど一般的なスポーツ自転車と同等に設計(目安として100cm以上)されていれば、スポーツ走行が可能だが、なかには極端に短いものがある。そのような自転車は、直進安定性が低く、スポーツライドには適さない。半面、小回りが利くので、ご近所の買い物など、短い距離をチョコチョコ走るにはよい。

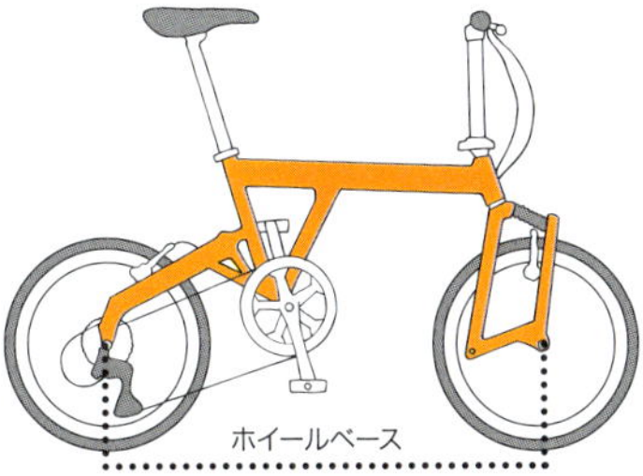

自転車の性能は買う店によって異なる

ネット通販ではなく通いやすい近所の店で買う

スポーツ自転車を選ぶとき、自転車そのものを選ぶことよりも大切なのが自転車店選びだ。スポーツ自転車は、メンテナンスなしで快適に乗り続けることはできない。チェーンの注油や空気の充填程度は、自分でできても、変速機の調整やホイールの振れ取り、ブレーキワイヤーの伸びの調整、パーツ交換などなど、じつは乗るほどに整備が必要となる。その頻度は車の比ではない。

納車から1か月程度で、ブレーキと変速機のワイヤーは伸びる。そのままでも乗れるが、納車当時の快適性はないはずだ。そんなことを相談でき、整備するのが自転車店の役目でもある。だから、インターネット通販で買うのは避けるべきだ。足しげく通う覚悟で、できる限り近所で、親切な店を探そう。

丁寧に組み立てられた自転車は性能がいい

また、自転車店によって、同じ自転車でも納車時のコンディションが大きく変わることを知っておいてほしい。スポーツ自転車の多くは、7割程度組み立てた状態でメーカーから販売店に届けられる。そこから、どう組み立てるかにより、そのコンディションは大きく変わる。

丁寧な店は、一度、パーツを取り外し、フレームのバリや塗装むらを削り、ベアリングに注油をして組み直す。ホイールに振れがあれば、それも時間をかけて直す。なかにはワイヤーを高価なものに交換して組み直す店もある。

逆に、このような整備をせずに、形だけ完成させて販売する店もある。ブレーキタッチの軽さや、変速のスムーズさ、ハンドリングの滑らかさなど、それは同じ商品、同じ価格のものとは思えないほどの差となる。

そのような丁寧な納車整備をする店は、決まって購入後も親切に面倒を見てくれる。お客様に快適に乗ってもらうために、自転車好きの性としてがんばってしまう店主が多い。

自転車を買う場合、安く買おうとするほど結果として損をする。定価販売でも丁寧な整備をする店を探すことで、後々まで快適に乗ることが保障される。

そんな店の傾向をあげるとすれば、第一に個人あるいは家族経営の店であること。チェーン店など大型店になるほど、採算を考えたら、そんな目に見えない作業を無駄と考えるのが世の常だから。

そして、店のブログなどをチェックし、これまでどのような整備をして納車をしてきたかを確かめる。たったそれだけの労力で、長く快適に乗り続けることができると思ったら、ネットで最安値を探すよりも簡単なことではないだろうか？

そしてもうひとつ。忘れてならなならないのは、自転車は命を預けて乗る道具ということ。ちょっとした整備不良が原因で事故に繋がったり、運が悪ければ死亡することも考えられる。自分が命を預ける乗り物をどう買うか？　僕には店主の顔が見えないインターネットで買ったり、保管方法や事故歴もわからないような中古車を買うなんてことは、あまりにも恐ろしくて考えられない。

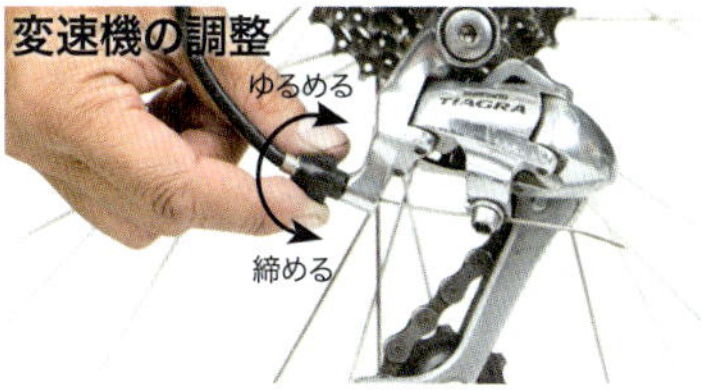

一番小さなギアからシフトレバーを1段分操作したときに、3段目までギア飛びしたら時計周りにネジを少し締める。

レバーを握ったときにグリップに近づきすぎたら、このアジャスターネジをゆるめてワイヤーを張る。

購入後に必要なメンテナンス

メンテナンス箇所	メンテナンス方法	頻度	難易度
チェーン	拭き掃除と注油(P.39)	30km走行につきに1回程度	簡単
タイヤ&チューブ	空気を入れる(P.96)	毎回	簡単
変速機	ワイヤーの張りを微調整	スムーズに変速しなくなったり、変な音がしたら	少し難しい（コツを教われば意外と簡単）
ブレーキ	ワイヤーの張りを微調整	ブレーキレバーを握ったときに、引きしろが大きくなってきたら	少し難しい（コツを教われば意外と簡単）
全体（錆びやすいボルトやワイヤー、その他の稼動部）	拭き掃除と注油(P.38)	雨にあたったあと、埃をかぶったあとなど	簡単
ボトムブラケット	グリスアップ	一年ごと（または動きが悪くなったら）	難しい。お店に依頼
ヘッドセット	グリスアップ	一年ごと（または動きが悪くなったら）	難しい。お店に依頼
ホイール	スポークの振れ取り	リムが左右にグラグラ揺れる箇所があれば	難しい。お店に依頼

Lesson 10

スポーツ自転車の価格的な狙い目は？

理想は10～20万円
厳しければ、いっそ5万円のものを

「スポーツ自転車に乗りたいのですが、いくらぐらいのものを買えばいいですかね」と聞かれたとき、僕はこう答える。

理想的な値段は10～20万円。もしそれが厳しければ、ジャイアントのエスケープ（約5万円）か、トーキョーバイク（約7万円）を買いなさいと。

この2台を薦める理由は、魅力的な価格に加えて、“スピード”やスペック表の数値ではなく、実質的な“乗りやすさ”を求めているから。フレーム設計から、グリップやタイヤなどのパーツまで、乗る人にやさしい方向でまとめている。

これに対して、定価10万～20万円の価格帯を本命とするのは、ありとあらゆるメーカーの様々な種類の自転車がひしめき、色もブランドもタイプも、豊富な選択肢の中から自由に選べるからだ。しかも、10万円を境に、パーツの精度は格段に上がり、快適に乗れる車種が増える。ハズレが少ないともいえる。逆に20万円を越えてしまうと、極端なレース志向だったり、個性が強く出すぎる傾向にあり、初心者には扱いにくい車種が増えてしまう。

また、なぜ5～10万円の車種を手放しに薦めないかといえば、そこは各社売れ筋のせいもあり、見せかけだけの流行を追い過ぎていたり、そこそこの性能を持っているが、不完全なものなど、結局、乗り込むほどに不満を感じ、買いなおさなければならなくなる可能性が高いからだ。

その価格帯を買うなら、いっそ割り切って前述の2台を購入し、ボロボロになるまで乗ればいい。もし10万円の軍資金があるのなら、余った予算でヘルメット、グローブ、それに、お洒落で快適なウェアまで買うことができる。

2～3万円クラスのものも
整備しだいでは乗れる

それより安い2～3万円クラスの自転車となると、もはやスポーツ自転車とは呼べなくなる。ファットバイク“風”、MTB“風”、ロードバイク“風”…。よく見れば「オフロード走行はできません」とか「競技には使

5万円前後のおすすめ自転車

ジャイアント／エスケープR3

前傾姿勢がきつくないストレートバーや、軽いギアでゆっくり坂を上れる24段変速機を搭載した、クロスバイクの定番モデル。フロントフォークのみクロモリ製。59,400円（税込）。

トーキョーバイク／26

乗り心地のよさとこぎ出しの軽さを狙い、クロモリ製のフレーム&フォークに、一般的なクロスバイクよりも一回り径が小さい26インチのタイヤを装備している。68,000円（税込）。

わないで下さい」なんてステッカーが貼ってあるしまつ。ルックスこそ最先端のスポーツバイク風ではあるが、強度もなければ、まともに走りもしなければ、止まれやしないものもある。これを自転車業界では、ルック車と呼んでいる。

コンビニに買い物に行く程度の用途ならよいが、長距離を楽しくツーリングするには、あまりにも体への負担が大きくなるので、よほど体力や忍耐力に自信がない限り、見送るべきだろう。

しかし、いまどきのディスカウント店で販売している自転車のなかには、変速機にシマノ製のパーツを使い、自分できちんと整備をしなおせばそこそこ快適に乗れるものもある。ブレーキワイヤー、シフト（変速）ワイヤー、チェーンとベアリング類の注油など、丁寧に整備すれば格段にコンディションは上がる。ある意味、マニアックになってしまうが、ご近所移動限定なら、そんなものを探して、いじって乗るのも、ひとつの楽しみ方ではある。

10〜20万円のおすすめ自転車

サーリー／クロスチェック

街乗りはもちろん、ツーリングから未舗装路走行まで、幅広い用途を快適にこなす世界的な人気を誇るオールラウンダー。完成車のほか、フレーム単体の販売もある。178,200円（税込）。

パシフィックサイクルズ／バーディクラシック

前後輪にサスペンションを搭載しているため、アルミフレームながら、体へ伝わる不快な振動をやわらげてくれる。ホイールベースが長いため安定感も高い。167,400円（税込）。

サスペンションを切り離し、前後輪のタイヤをフレーム下に格納するギミックで、瞬時にコンパクトにたためる。

タルタルーガ／タイプスポーツSD

日本の輪行事情に合わせたフォールディング機能を隠し持つ、小径ロードツアラー。専用キャリアや輪行袋など、旅をするための専用オプションも充実している。176,040円（税込）。

Lesson 11

覚えておいたほうがいい各部の名称は？

知ったかぶりは不要 普通の日本語で聞けばいい

スポーツ自転車の門戸を叩いたとき、最初のハードルとなるのが、初めて耳にする専門用語の多さだ。サドル、ハンドル、ペダル、フレーム程度のボキャブラリーでは、スポーツ自転車専門店の人と話す際に不自由を感じるはずだ。

とはいえ、一夜漬けで覚えた知識をショップでひけらかせば、当然、間違ってしまうこともある。最初から無理して覚える必要もないので、ショップに行った際には「サドルの下にある棒の色が…」とか、「うしろのギアは９段で十分」など、普通の日本語で説明すればいい。親切なショップなら、「シートポストの色ですね…」など、さりげなく専門用語を教えてくれるだろう。

知ったかぶりをして冷や汗をかくより、初心者らしく堂々と素直に聞いたほうが、ショップの人に好感をもたれるのは間違いない。

ゆっくりでかまわないから、覚えておくと便利なスポーツ自転車各部の名称を紹介する。

覚えておきたい各部の名称

ハンドルバー
グリップ
シートポスト
ブレーキレバー
シートクランプ
ステム
ブレーキワイヤー
フレーム
(詳細はP.51)
ESCAPE
ブレーキ
シフター
GIANT
フロントディレイラー
ESCAPE
ペダル
シフトワイヤー
ハブ
スポーク
リム
チェーンリング
(フロントギア)
クランク
タイヤ

Lesson 12

高級パーツ=使いやすいということではない

中堅パーツは素人でも調整しやすい

スポーツ自転車の世界では、付属しているパーツ群（主に変速機、ブレーキ、ハブやBBなど回転系のパーツ）を総じてコンポーネントと呼ぶ。コンポーネントには、メーカーごとに数種類のグレードが用意されていて、その価格や用途に合わせた名称と特性がある。

P.10でも紹介したが、コンポーネントについても、高ければいいという判断は誤りである。とくにロードバイクとMTBのコンポーネントは、上位機種ほどコンペティション向けになるので、普通のサイクリングでは、ポテンシャルを発揮するのは難しい。

傾向として、高級なパーツほど、生産精度が上がるため、変速操作がスムーズになり、ブレーキの効きが向上し、操作性もスムーズになる。が、同時に、整備がシビアになったり（整備しやすくなるケースもある）、その精度に見合ったフレームでなければ性能を発揮できないことも少なくない。

逆に中堅グレードのパーツなら、最高級グレードよりも精度が低い分、少々精度の低いフレームに取り付けても、そこそこ気持ちよく走れるよう、調整範囲が広くとってあり、素人でも調整が容易にできることも多い。そう、適度にユルいのだ。

それに手頃な価格のパーツなら、傷がついても気にならないから、なにより普段の取り扱いが楽でいい。万が一、調整中に壊してしまっても買い換えやすい価格なら、痛手も少なくてすむ。

一番怖いのは、いきなりトップレーサー向けの高級パーツを取り付け、メンテナンスをすべてショップに任せること。中堅グレードのパーツが搭載された自転車を使い、積極的に自分でメンテナンスして、作業工程を覚えるほうが、サイクリストとしてよほど成長できる。乗ることだけではなく、自分の自転車を自分で整備できることも、サイクリングするうえで重要なスキルだ。そこまで考えて、自分のレベルにふさわしいコンポーネントが搭載された自転車を選んでほしい。

丁寧に組み立てられた自転車は性能がいい

たとえばクロスバイクを購入する際にショップの人に相談すると「A社のコンポーネントはシマノのアセラですが、B社は同じ価格でデオーレが搭載されています。だからお得ですよ」と薦められるケースは多い。

同じような価格帯で上位グレードのコンポーネントが搭載されていると、たしかに、お得感はある。しかし、自転車選びでもっとも大切なのはフレームだ。自分が楽しみたい用途にあったフレームかつ、体格にあったサイズがあるかを真っ先に確認する。

コンポーネントのグレード比較は、その次でいい。その際には、変速機だけではなく、ブレーキやハブ、ヘッドセットなど回転系のパーツまで総合的にチェックする。一部に知らないブランドのパーツが付いていたら、店員さんに良し悪しを聞いてから判断しよう。

アセラは6〜11万円程度のクロスバイクの定番。

10万円クラスではデオーレ搭載車も現われる。

シマノのコンポーネント　グレード早見表

	ロードバイク系	MTB系	トレッキングバイク系	コンフォートバイク系
↑上級グレード	デュラエース	XTR	デオーレXTトレッキング	アルフィーネ
	アルテグラ	デオーレ XT	デオーレLXトレッキング	ネクサス
	105	セイント	デオーレトレッキング	
	ティアグラ	ジー	アリビオトレッキング	
	ソラ	SLX		
	クラリス	デオーレ		
		アリビオ		
		アセラ		

クロスバイクは万能自転車なのか？

クロスバイクは平均値は高いのだが…

スポーツ自転車は、自転車ごとに異なる特徴を持ち、その用途に合った乗り方をしたときに、はじめて楽しみを引き出せる乗り物である。

たとえばオールラウンダーとして呼び声高いクロスバイクの場合、通勤、ツーリング、輪行など、スポーツ自転車の中では比較的広範囲の用途をカバーする。しかし、走るよろこび、旅の質、輪行の快適性を突き詰めるとどうだろう？　走るよろこびについては、スピードやコントロールする楽しさを秘めたロードバイクやMTB、ピストが勝り、ロングライドの旅を快適にこなすなら専用設計のツーリング車の快適性には遠く及ばない。輪行についても、フォールディングバイクの気軽さは真似できない。

もちろんすべての人が究極の走りや用途を求めるわけではない。だから、平均値の高いクロスバイクという選択がピタリ当てはまる人が多いのは至極当然の流れだし、それを選ぶのも悪いことではない。

ショップに行く前に用途の整理をしておく

最初の一台を購入する際、ショップに行くと、決まって「どのような用途にお使いですか？」と聞かれる。「通勤」「ツーリング」「ポタリング」「輪行」「レース」「オフロード走行」など、じつは用途をしぼってピタリと言える人は少ない。「平日はたまに通勤に使い、休日は仲間とレースに出たり、カフェ巡りをしたり、クルマに積んで観光地を散策したり…」と、いろいろな夢を膨らませてスポーツ自転車界の門戸を叩くのが普通だ。

となると、店主は通常クロスバイクか、レースの部分を尊重してロードバイクを推奨する。仮にメインの用途が、「カフェ巡り」だとしたら、ロードバイクでは無理がある。だから最低限、用途に優先順位をつけ、なにがメインであるかを真っ先に伝えるべきだ。するとレース志向のロードバイクや、いかにも通勤仕様の平均的なクロスバイクではなく、少々洒落たシティバイクを推奨してくれるだろう。

専門的な自転車を少しずつ増やしていくほうが楽しい

僕の場合、より快適な移動を目的とするため、都心に行くか郊外に行くかで自転車を使い分けている。交通量の多い都心に入る際には、駐車した車を避けるときに事故のリスクを減らす意図もあり、ハンドル幅が狭く旋回性がいいピストに乗る。

郊外に行くときには、リラックスしたポジションで広い空を眺めて走れ、未舗装路を見つけたらそこに入れるよう、MTB（シングルスピード仕様）を選ぶ。

フォールディングバイクについても、輪行した先で長い距離を走るときの自転車と、都心を走る電車にも持ち込める超コンパクトに折りたためるものの2台を使い分けている。

そうするのは、スポーツ自転車に乗る以上、常に楽しく快適な時間を過ごしたいから。

スポーツ自転車の場合、広く浅く多用途に使える1台を選ぶか、専門的な方向性があるものを1台ずつ増やしていくかで、先々得られる楽しみの深さも変わってくる。保管場所の問題もあるから一概にはいえないが、スポーツ自転車に乗るよろこびを追求したいのなら、ぜひとも後者を選択してほしい。

気分もあがる洒落たシティバイク。トーキョーバイクの20インチのモデル。

都心を走るとき

ハンドル幅が狭いピスト

路上駐車も多い都市部の移動には、旋回性が高く、ハンドル幅も狭いピストは重宝する。あえて変速機を取り付けない反逆精神みたいなノリも殺伐とした都会を走るときに、気分をあげてくれる。

超コンパクトになるフォールディングバイク

見た目からは想像できないほどよく走る、タイヤサイズわずか8インチの小径車。電車の駅から2〜3kmの地点へ移動する際に、タクシー代金を節約。しかも楽しいサイクリングの時間に変えられる。

郊外を走るとき

シングルスピード仕様のMTB

クロモリフレーム＋シングルスピード＋空気圧低めの太いタイヤで、ユル乗り気分を演出した1台。ギア比を軽くしているため、スピード走行はできないが、のんびり街や河川敷を散策するにはよい。

長距離を走れるフォールディングバイク

いちいちパーツを外したり、取り付けたりする時間が惜しい輪行のときに多用するフォールディングバイク。小径でも、走りがいいので、しまなみ海道など、長距離を移動する際にも楽しく走れる。

Lesson 14

パーツを組み替えるとさまざまな用途に対応できる

究極のオールラウンダーとの出会い

今まで乗り継いだ何十台という自転車の中で、驚くほど多様性を持つ自転車がたった一台あったので、それを紹介したい。

それは、すでに何度か紹介したサーリーというブランドのクロスチェックというモデル。カタログ上、この自転車は、シクロクロスというカテゴリーに位置づけられる。フレームはクロモリスチール製。タイヤは700Cというロードバイクやクロスバイクと同じ規格。フレーム単体の販売もあるが、僕は2007年に完成車を購入した。

当時は、ツーリングに行くよりも街乗りをすることが多かったので、ノーマルのドロップハンドルによる前傾姿勢を嫌い、すぐにアップライトなプロムナードバーに交換した。さらに前2段×後ろ9段の変速機を外してシングルスピードにした（このフレームには、リア変速機を外して組んでもチェーンをピンと張れるよう調整機能がついている）。そうなるともはやシクロクロスモデルではなく、お気楽なシティバイクだ。

41mm幅のタイヤが入ることで格段に用途が広がる

そして、タイヤの太さをその時々の用途に合わせて、幅28、32、41mmと交換しながら乗り続けてきた。

購入時は32mm。28mmはホノルルセンチュリーライドを走るためだけに交換した。が、乗り心地が悪くなったので、帰国後すぐに32mmに戻した。そして、2014年にサーリーから41mmのタイヤが発売されたので即交換。特筆すべきは、乗り心地が格段によくなったこと。まるでしなやかなサスペンションを搭載した高級乗用車のよう。また、タイヤ自体が軽く作られているので、こぎ味が重くならない点にも驚かされた。

さらっと書いているが、タイヤの選択肢が広いことこそが、多様性を極める最大要因である。32mmのタイヤが履けるクロスバイクは稀にあっても、41mmが入るフレームは、クロスバイクでは皆無で、シクロクロスバイクのなかでもそうはない。スピードがほしいときにはタイヤを細く、逆に乗り心地を向上させたいときは、タイヤを太くすることで未舗装路さえも射程に入り、振動による疲労も軽減するから長距離走行も楽になる。自転車の用途や性格は、じつはタイヤひとつでガラリと変えられるのだ。

そのほか、この自転車にはキャリアや泥除けを取り付けるダボ（ネジ穴）が最初から装備されている。ここにリアキャリアを取り付け、そこにパニアバッグ（キャリアのサイドに取り付けるバッグ）を装着し、ツーリングやショッピングを楽しんだ時期もあった。

現在はアップライトなポジションのまま、再び変速機を取り付け9段変速にして、主にツーリング用や輪行用として使っている。

さらなる隠しワザとして、リアエンドの幅が、MTB規格（135mm）のハブと、ロードバイク規格（130mm）のハブ、1台で両方に対応できるよう中間の132.5mmで設計されている。ツーリングに使うなら、軽いギア比が充実したMTBのパーツで組み、トップスピードを求めるなら、ロード系のパーツで組むこともできる。

クロモリスチールフレームの弾性を利用して、リアエンドの幅を広げたり、絞ったりすることで、両方のサイズにフィットさせる、いわば荒業。こんなことを平気でやってのける量販メーカーは、世界広しといえどもサーリーぐらい。これを邪道とするか、合理的とするか、意見は分かれるが、僕は実際に乗ってみて、なんの不都合も感じていない。こんな奇抜で柔軟性に富んだアイデアをおもしろがって取り扱う店や、このブランドのファンになる人が多いのも事実。

ハンドルやタイヤを変えるだけで、見えるものも行動範囲の広さも大きく変わった。

シクロクロスをお気楽なシティバイクに

a. ブレーキワイヤー
ブレーキレバーに合わせて。

b. グリップ
ソフトなタイプに。

c. ステム
しなやかなクロモリ製に。

d. ハンドル
アップライトなものに。

e. ブレーキレバー
古いMTB用を再利用。

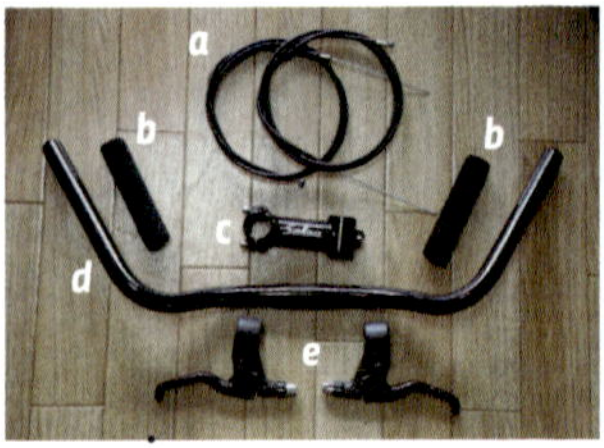

before

こちらが買ったばかりの完成車の状態。ハンドルと変速機の詳しい交換の仕方は、それぞれP.86とP.102参照。

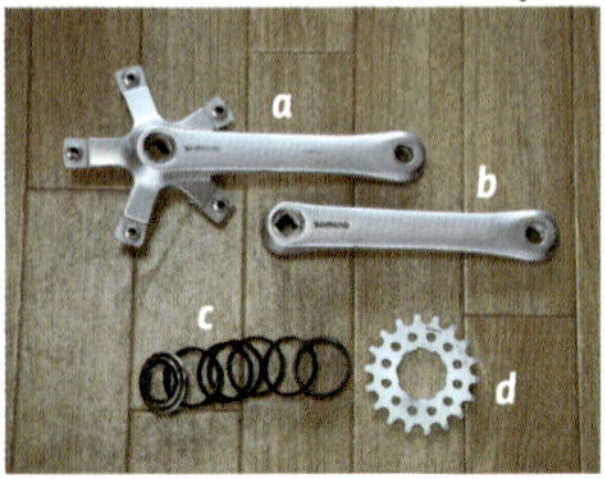

a. クランクアーム(右)
ここにチェーンリングを装着。

b. クランクアーム(左)
古いMTB用を再利用。

c. スペーサー
9段変速の8枚のギアの代わりに装着。

d. スプロケット
シングルスピード用。

アップライトなハンドルに交換し、ハンドルを握る位置を高く、体に近づけることで前傾姿勢がゆるみ、体が格段に楽になった。

after

シンプルかつユルい雰囲気に変身した。

9段変速のスプロケットとリアディレイラーを取り外し、シングルスピード（17丁のスプロケット1枚）に改造した。

チェーンリングを1枚（38丁）にし、フロントディレイラーも取り外した。ギア比は、前38丁×後ろ17丁と軽めなので、たいていの上り坂は走れる。

この自転車に乗るオーナーたちは、ロードバイクさながらのスピード系から、シンプルさを極めたシングルスピード、前後にキャリアとパニアバックを付けた旅仕様まで、ありとあらゆる方向性に仕上げて楽しんでいる。

そしてもうひとつ、この自転車は、長持ちするよう、少し肉厚のクロモリスチールフレームで作られている（開発者のデイヴ・グレイにいわせれば「一生モノ」）。だから自分が楽しみたい用途が変わっても、年を重ね体力が落ちても、パーツを組み替えるだけで、常に快適に乗り続けることができる。それも多様性があるからこそ。この自転車を特筆する最大の理由がそこにある。

キャリアとバッグのつけ方

1 最初にキャリア下側の穴にボルトを入れて、フレームに留める。続いて上側のステーも留める。

2 ステイの位置を調整しキャリア上部が水平になる位置にセットしたら、ボルト＆ナットを締める。

3 バッグのメーカーによって、取り付け方法は異なる。このバッグは、上側のストラップを先に取り付ける。

4 走行中に外れないよう、下側のストラップをゆるみなく締めて、バッグとキャリアを固定した。

5 キャリアの上側にモノを積むときには、市販のゴムストラップなどを利用すると便利。

リアエンドの幅と深さの違い

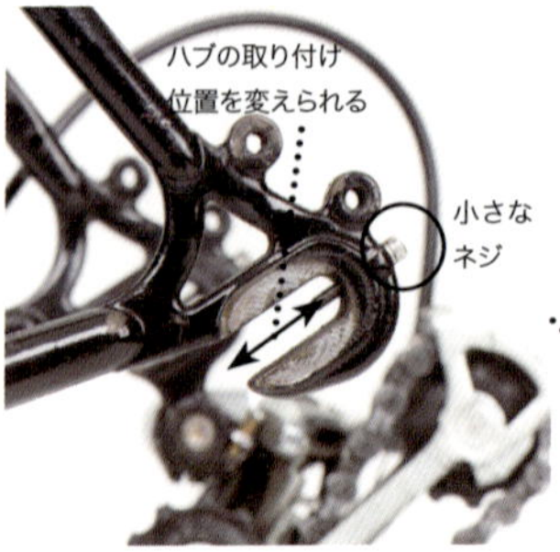

エンド金具にある小さなネジは、シングルスピードにしたときに、ハブの位置を前後にずらし、チェーンのたるみを取るための微調整を行う細工。

クロスチェック

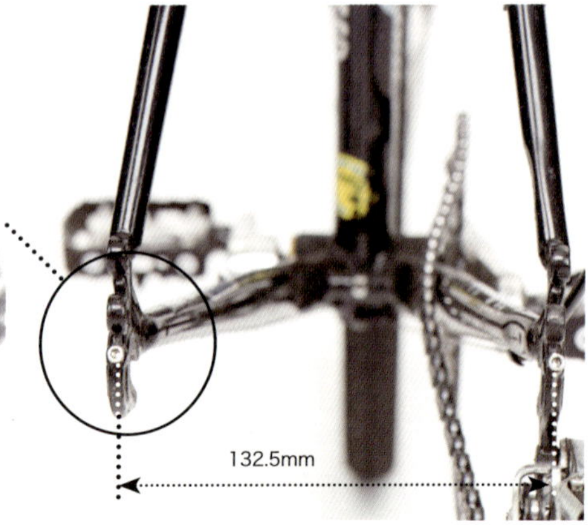

リアエンドの幅をロード用とMTB用の中間サイズの132.5mmに設計。クロモリフレームの弾性をいかして、幅が狭いロードバイク規格のハブ装着時には締め付け、幅広のMTB規格のハブを装着する際には開いて対応する。

一般的なロードバイク

ロードバイクなど多くのスポーツ自転車は、変速機を使うことを前提としているため、リアのハブがずれないよう、スライドできないエンド形状を採用している。

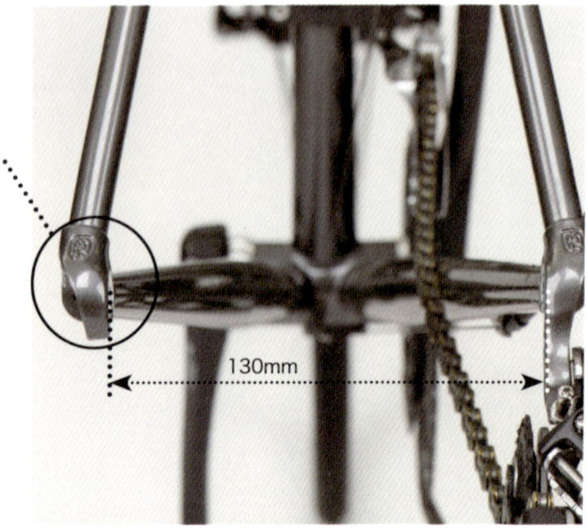

一般的なスポーツ自転車のエンド幅は、使うパーツ群によって決まっている。ロードバイクのパーツを搭載するなら130mm、MTB用なら135mm。

Chapter 3
楽しい乗りかた、走りかた

Lesson 1

サドルを高くして脚の回転をスムーズに

ペダルに足を載せてわずかにヒザが曲がる高さに

初めてスポーツ自転車を購入する際、納車時には自転車店の人が、ハンドルの角度とサドルの高さを微調整し、最良の乗車ポジションにセットしてくれる。店によっては、慣れていないという理由で、すぐに足を着けるように通常よりサドルを低くセットすることもよくある。ハンドルの角度（P.89）とサドルの高さは、少しの工具で簡単に調整できるので、自転車に慣れてきたら自分で調整してみよう。

スポーツ自転車とママチャリ（買い物自転車）では、ポジションのセッティングが違うことをご存知だろうか？　ママチャリは市街地における安全性を重視し、いつでもどこでも、すぐに足を地面に着けるよう、サドルに座った状態で、足やつま先が地面に着く位置にサドルをセットする。そのため常にヒザが曲がった状態でペダルをこぐことになり、脚をスムーズに回転することができない。

スポーツ自転車の基本ポジションは、ペダルを一番下の位置にセットし、サドルに座った状態で脚を伸ばしてペダルに踵を載せ、わずかにヒザが曲がる位置にサドルの高さをセットする。足着き性ではなく、脚をスムーズに回転させて、長距離を快適に走ることこそ、スポーツ自転車の狙いだ。これはロードバイク、クロスバイク、プロムナード、

スポーツ自転車の基本ポジション

スムーズなペダリングの第一歩はサドルの高さ調整から。ペダルを一番低い位置にして踵を載せ、ヒザが軽く曲がる程度に調整。

サドルの高さ調整

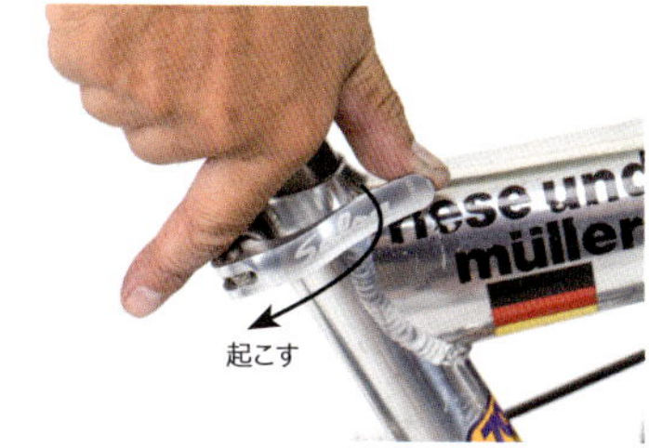

1 クイックリリースレバーを開くときは、手前に起こすようにする。

or

クイックリリースレバーがない場合

1' ボルト締めの場合には、アーレンキーを使って固定ボルトをゆるめる。

2 サドルを上げ下げするときには、グルグルひねらずまっすぐに。

3 レバーを倒してサドルを固定。固定されないときはレバーを起こした状態でナットを締めてからレバーを倒す。

One Point Advice

テープで印を付ける

サドルの高さは1mm変わるだけでペダリングに違和感が出る。輪行する際に、この違いが気持ち悪いので、僕は、シートポストにテープを貼ってマーキングし、ポストを抜いても好みの高さに戻せるようにしている。

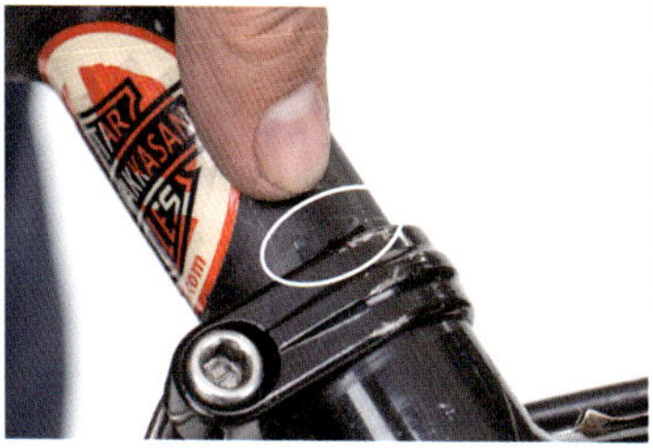

フォールディングバイクに関わらず、すべて同じでいい。

サドルの高さ調整は前ページのように、フレーム上部（サドルから伸びるシートポストが入っている部分）にあるシートクランプのボルトをゆるめてシートポストごと上下する。自転車によっては、工具を使わずに調整できるクイックリリースレバーを開いて調整するものもある。

停車時はフレームをまたぐようにして足を着ける

では、停車時に足をどう着くか。それは簡単。サドルから尻を上げて、そのまま尻を前方に移動し、フレームをまたぐようにして片足ずつ（または片足だけ）地面に着けばいい。

乗車する際はこの逆。まず踏むペダルを前方の斜め上に位置させ、フレームをまたいで、片側の足をペダルに載せる。こぎ出すと同時に、もう一方の足をペダルに載せ、続いて尻をサドルの上に移動する。これがスポーツ自転車の乗降方法だ。

停車時の足の着き方

1　サドルに座った状態から、少し尻を浮かせて体を前方、フレーム前三角の上へ移動する。左右のペダルを水平にすると安定する。

2　ブレーキをかけて速度が十分に落ちたら、フレームをまたいで片足を地面に着ける。次の発進のため片足はペダルの上に置いておく。

乗車の仕方

1

反応が鋭いスポーツ自転車に乗車する際には、片足だけをペダルに載せた状態で加速しながらまたいで乗る方法だと、バランスを崩して転倒する場合がある。必ず停車した状態で、フレームをまたいでから乗る癖をつけよう。

2

フレームをまたいだら、片足をペダルに載せる。ペダルは、地面と水平の位置からダウンチューブと平行の位置の間くらいにセットすると楽に発進できる。ブレーキレバーから指を放してペダルを踏み、加速しながらサドルに座る。

ビンディングペダルは自転車に慣れてから

停車時に足を出し遅れて転倒する危険性がある

ペダルは、ハンドル、サドルと同じように、自転車に乗る際に、人の体を受け止める重要なパーツである。シューズと合わせて、自分にとって快適なペダルを選ぶことができると、ライディングの質が大きく変わる。

とはいえ、いきなりビンディングペダルというのは避けるべきだ。店によっては、スムーズな脚の回転やペダルを踏む位置を覚える、という理由で、初心者にビンディングペダルを薦めることもある。

しかし、ブレーキのタッチや変速など、スポーツ自転車全般の操作に慣れる前に足を固定することは、あまりにも危険すぎる。たとえば赤信号で停まったときに、うっかり足を出し遅れ、転倒することも考えられる。公道での転倒は死に直結することもあるので、自転車操作をある程度できるようになるまでは、ビンディングペダルに手を出してはいけない。

普通のペダルでも、意識さえすれば、ビンディングと同じように正しいペダリングを習得できる。

運動効率のよいペダリングとは

踏み方は簡単。ペダルの前側の端に足の親指の付け根のふくらんだ部分がくるような位置で踏む。ペダルは片足で上から下に踏み込むと同時に、反対の足のふくらはぎを使って引き上げるように意識すればいい。脚は内股やがに股にならないよう意識して、スムーズに回す。たったこれだけ。

ペダルについては、大きく分けて金属製とプラスチック製がある。金属製のペダルには、スリムなものが多く、自転車全体の雰囲気をスタイリッシュにする効果がある。ただし、雨に濡れると滑りやすく、足を踏み外したときにスネに当たると痛い。靴底は、金属との相性がいいゴム底のスニーカーなどが向く。

プラスチックペダルの魅力は、金属製と比べて、シューズ（靴底）へのダメージが少ないこと。最近のプラスチックペダルは、表面のピンが滑りにくいようにデザインされているものが多い。そのため、スニーカーから革靴まで、様々なシューズにフィットする。
　カラーも豊富で、ペダルの踏み面も大きいので、色や見た目で遊びたい人にも向くが、色やデザインの影響で安っぽく見えることもある。

　ビジュアル的に好みは分かれるところだが、値段も比較的買いやすいので、ペダリングの基本を覚えるまでは、誰もが踏みやすいプラスチックペダルの使用を薦める。

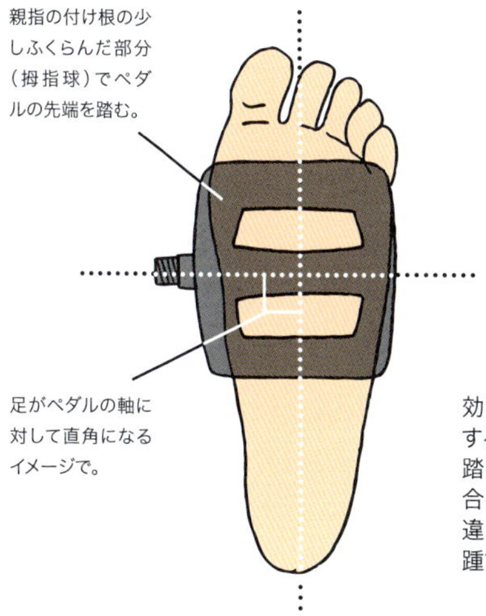
親指の付け根の少しふくらんだ部分（拇指球）でペダルの先端を踏む。
足がペダルの軸に対して直角になるイメージで。

効率よくペダリングをするためには、ペダルを踏む場所や脚の開き具合を意識して乗ろう。間違っても、土踏まずや踵で踏まないように。

金属製ペダル

プラスチックペダル

ペダルは大きいほうが踏みやすく滑りにくい。半面、自転車に取り付けたときに存在感がありすぎて、雰囲気を激変させることもある。

ハンドルとステムを交換して前傾姿勢をゆるめる

アップライトなバーに変えれば上半身が直立に近い姿勢に

スポーツ自転車のおもしろいところは、ほんの少しのパーツを交換するだけで、乗車姿勢や自転車の持ち味を大きく変えられること。その代表的なパーツが、ハンドルとステムだ。

ハンドルの形状には、ストレートバー、ドロップハンドル、プロムナードバー、ライザーバーなどの形状があり、さらに幅、高さ、ベンド（曲げ方）、素材にも豊富な種類がある。

たとえばクロスバイクに多用されるストレートバーをアップライトなプロムナードバーに交換すれば、乗車時の上半身の姿勢がさらに直立に近いポジションになる。風の抵抗は増えるが、視野が広がり、気分もユルくなる。僕は、街乗りやのんびり走るポタリングには、このユルい感じで乗れるプロムナードバーが最も適していると思う。

逆にドロップハンドルに交換すれば、より前傾姿勢を強めることができるので、風の抵抗が減り、平均速度アップやパワーロスを軽減する効果が期待できる。このほかドロップハンドルには、ハンドル上部、アールの部分、アールの下など、いろいろな場所を握って走れるため、その時々でポジションを微妙に変えられるメリットがある。ツーリング自転車がドロップハンドルで組まれているのは、様々な道路状況に合わせて、最適のポジションを得るためだ。また、握る位置を変えることで、走りながら体をストレッチする効果もある。以上がストレートバーにはない優れた特徴だ。

ただしストレートバーなどからドロップハンドルに交換する場合（その逆も）、ブレーキレバー、シフター、ワイヤーの形状が異なるため、ごっそり交換する必要があるので費用はかさむ。

ハンドル幅については、レース用のロードバイクやMTBを除き、肩幅と同じか、やや広いぐらいのものを選ぶのが一般的だ。ストレート系のハンドルなら、購入後に両端をカットして好みの幅に合わせることもできる。

ストレートバー

クロスバイクに多用される、ほぼまっすぐなハンドルバー。幅が広いほど、コントロール性が良くなる。

ドロップハンドル

ドロップハンドルは、同じように見えても、幅やアールの深さや形状が異なるものが数多く販売されている。

プロムナードバー

両端が手前上側に曲げられたハンドルバー。アップハンドルとも呼ばれる。上下逆に取り付けてもよし。

ライザーバー

ストレートバーをベースに数ミリだけ上方に曲げ、前傾姿勢をゆるめるハンドルバー。MTBの主流がこれ。

ハンドルバーの交換の仕方

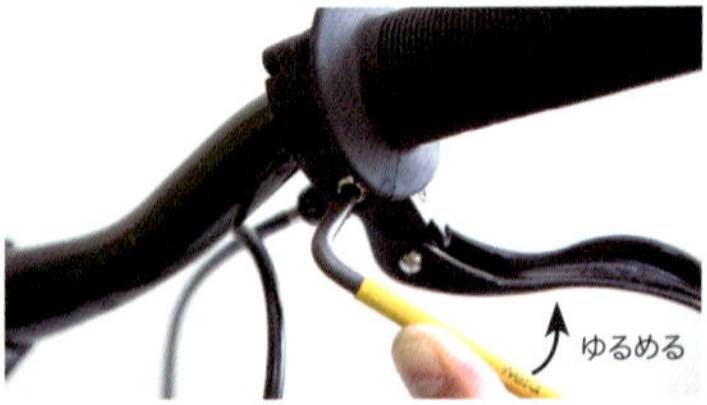

1 アーレンキーを使ってブレーキレバーを固定しているボルトをゆるめる。

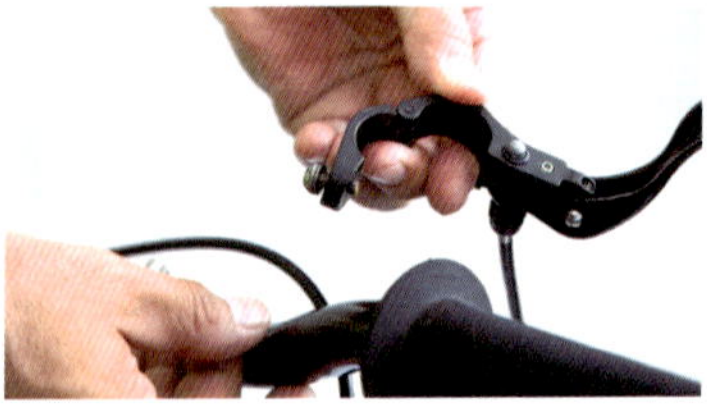

2 ボルトを完全にゆるめると、固定部分が開いてブレーキレバーを外せる。

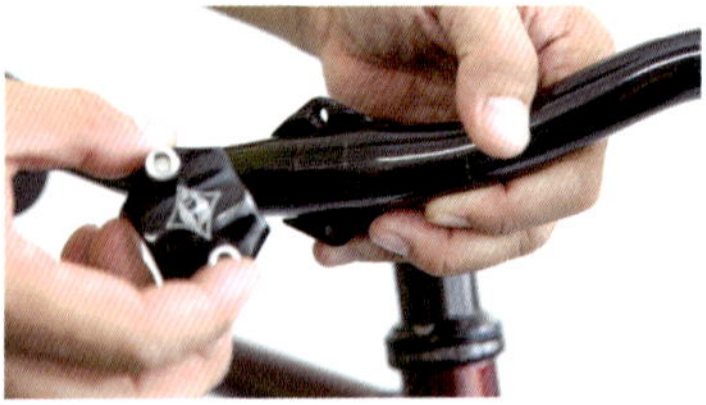

3 ステム前側のボルトをゆるめてハンドルを取り外す。

4 グリップとハンドルの隙間に水を入れてグリップを引き抜く。

5 新しいハンドルを左右対称にセットして、ステムのボルトを締める。

6 グリップの取り付けは中に水を入れ、滑りやすくすると作業性がいい。

7 ブレーキレバーをハンドルにセットし、裏側のボルトを締める。

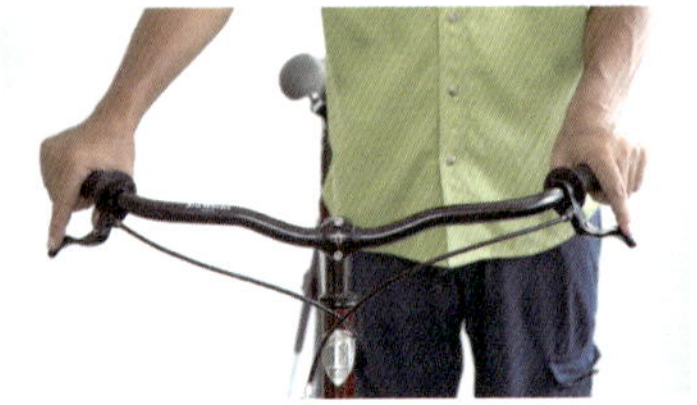

8 ハンドルを好みの角度にセットしたら、ボルトのゆるみがないか確認する。

短いステムに変えれば ハンドルは近くなる

今付いているハンドルの形状は気に入っているけれど、ほんの少しハンドルを手前にしたり、逆に遠くにしたい、というときには、ステムだけを交換するといい。ステムには、80、100、120mm…、といった長さのほかに、角度にも80、90、100、115度などの種類がある。長くすればハンドル位置は遠くなり、短くすれば近くなる。言い換えれば、ステムでも前傾姿勢の強弱を調整できる。

ステムの角度は、フロントフォークコラムに対する角度を示している。90度は、コラムに対して直角、110度になれば、垂直の位置から20度ハンドルを上にセットできることになる。フロントフォークコラムは直立ではなく、地面に対して後傾しているので90度のステムでも、ハンドル位置は水平より上になる。

また、一般的なステムは、上下を入れ替えてセットすることができるから、ステムの天地を逆にすることで、お金をかけずにポジションを大きく変えられる。

腕のしびれも パーツ交換でやわらげられる

また、ハンドルやステムの素材によって、腕に伝わる振動を吸収する効果を向上することもできる。一般的なアルミニウムのハンドルから、カーボンや肉厚の薄いクロモリのハンドルに交換することで、わずかだが腕が楽になる。ステムについても同様だ。

このほか、注意する点はハンドルとステムには、形状だけではなく、ハンドルとステムの接合部分の径に25.4、31.8mmなど種類があること。この数値が合っていないと、どんな素敵なハンドルやステムを見つけても交換できないので、自分で交換する際には、注意してほしい。

One Point Advice

ハンドルとステムの径に注意

ここ数年、ハンドルの太さ(ステムと固定する部分)は、太目の31.8mmが主流になった。ハンドル交換する際には、固定部分(クランプ径)のサイズを確認する。

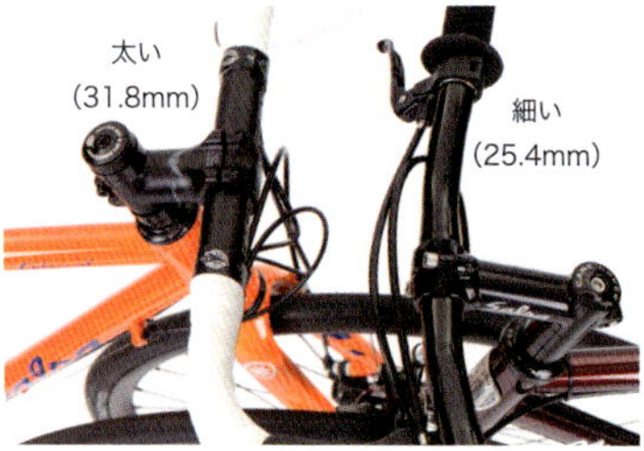

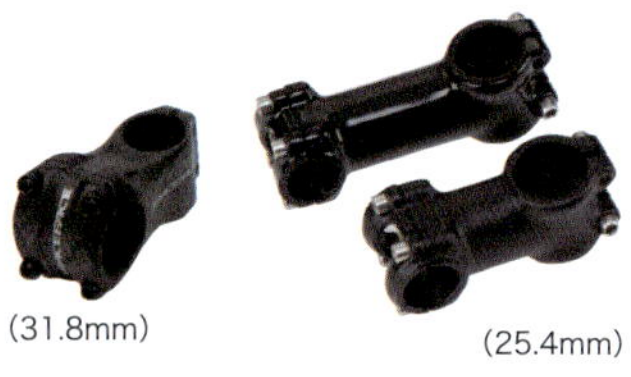

ステムの交換の仕方

1 ステム上側のボルトを、アーレンキーを使ってゆるめる。

2 ヘッドキャップとボルトを外す。このタイプは、アンカーごと抜く。

3 ステムをフロントフォークコラムに固定しているボルトをゆるめる。

4 ステムの上下に気をつけて、新しいものに入れ替える。

5 ステム、ヘッドキャップの順に差し込み、ハンドルを装着。

6 ハンドルを挟む部分の隙間が、上下均等になるようにボルトを締める。

7 タイヤとステムの中心線が揃う位置にセットする。

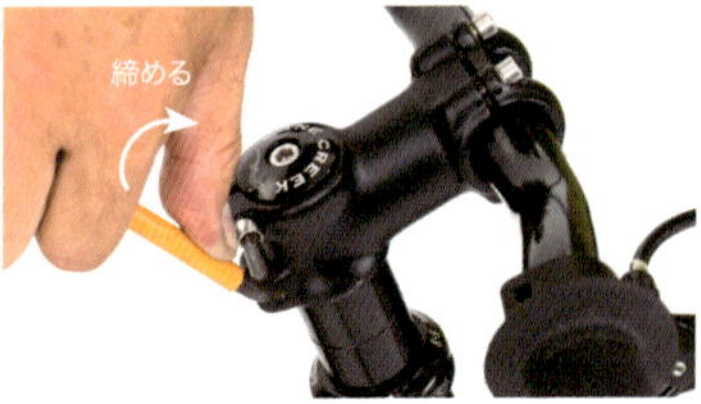

8 ヘッドにガタつきがないことを確認したら、ステムを本締めする。

ハンドルの角度を変えて快適性をアップ

ハンドルの角度の微調整は、ステム前部にあるボルトをゆるめて行なう。どんな形状のハンドルでも、角度を変えることで、手を置く位置に違和感がなくなったり、掌がしびれなくなることも（その逆も）あるので、好みに合わせて調整してみよう。

変更する際は、現状のポジションを基準にする。ボルトをゆるめる前に、油性のマジックペンなどで、ステムとハンドルの位置に線を引いておき、そこを基準に、前後にポジションを変えて好みの位置を探す。もし、変更する前のポジションに戻したければ、先につけておいた目印の位置にセットすればいい。

ハンドルの角度の調整の仕方

1 角度を変える前に、現状の位置を油性のペンなどで印をつけておく。

3 ハンドルの角度が決まったら、ブレーキレバーの角度も調整する。

2 ステム前側のボルトをゆるめてから、ハンドルの角度を調整する。

4 サドルに座り、ハンドルに腕をまっすぐ伸ばして指が自然にかかる位置にセットする。

Lesson 4

細くて柔らかいグリップにすると疲れにくくなる

実際に触れてみてから買うのが理想

クロスバイクやMTBに使うストレートバーや、アップライトなプロムナードバーは、通常、ハンドルにグリップというパーツを取り付け、そこを握って走る。ドロップハンドルのようにバーテープという布状のグリップを巻く人もいるが、前者が一般的である。

グリップ交換は、自転車いじりのなかでも、もっとも難易度が低く、失敗も少ないので、ぜひともここから挑戦していただきたい。

グリップには、色や素材の違いのほかに、太さの違いがある。ショップに並ぶ製品は、海外ブランドが中心になるため、日本人の手には少々太いものが多い。女性など手の小さい人は、細いタイプのグリップに交換するだけで、手になじみやすくなり、走行中にグリップから手が外れにくくなる。

素材については、実際に触ってみて、硬さを確認してから買うのが理想。パッケージを開けなければ確認できないものは、店員さんに聞いてみるといい。触った感じが硬いものよりも、柔らかいもののほうが、地面から伝わる振動を吸収しやすい。疲労軽減にもつながるので、柔らかいグリップを試してみる価値はある。

僕がプロムナードバーに組み合わせて普段乗りに使っているのは、OGKという日本のブランドのCX-Rというグリップ。これは、スポンジのような素材でできていて、グリップ自体が細くて握りやすい。握り心地はソフトで、振動吸収性が高く、さらに汗をかいても滑らない。夏場はグローブなしで乗れるところも気に入っている。見た目に反して耐久性も高く、僕の場合、3年に一度程度の交換で済んでいる。

スポンジのような素材でできたグリップは、手触りがよく、滑りにくい。手にやさしいので、夏場はグローブなしでも快適に乗れる。細めなので握りやすい。

普段乗りの場合、手の大きさにあった太さと硬さがグリップ選びで注目ポイントとなる。

MTBなら耐久性を重視する

このほか、MTBのグリップは、転んだときに破れないよう、丈夫さを優先して選ぶといい。グリップの両端にアルミ製のパーツが取り付けられ、そこに埋め込まれたボルトを絞めてハンドルに固定するロックオンタイプが便利。ハンドルの両端がアルミニウムでカバーされるため、転倒してもグリップ自体のダメージが少ない。

MTBの場合、トレイルを走る際にかなり強く握るため、グリップは恐ろしく早く減る。ロックオンタイプのグリップは、グリップが減ったら、両端の金属部品はそのまま使い、中のグリップだけを交換できるので経済的でもある。

ちなみにMTBにはodiというアメリカのブランドの製品を使っている。グリップ部分が比較的細く、柔らかい素材でできているため、減りは早いが、トレイルを走ったときに滑りにくいからだ。もちろん、街乗りだけでMTBを使うなら、先に説明したように、丈夫さよりも太さと硬さで選ぶ。

そのほか、グリップのカラーを変えたり、大人っぽいレザー巻きの製品にするだけで、自転車の雰囲気をガラッと変える効果もある。安いものでは500円程度から、高くても5000円ほど。自転車いじりの第一歩として、手始めに自分の手を動かし、いろいろと交換して遊んでみるといい。

ボルトで留めているため、着脱が簡単なロックオンタイプのグリップ。グリップ両端のロックリング内にある小さなボルトをゆるめるだけで着脱できる。

Lesson 5

お尻が痛いのはほんとうにサドルのせい？

サドルの角度や前後の位置を調整してみる

スポーツ自転車にお尻の痛みはつきものだ。続けて3日乗っても慣れなければ、サドルのセッティングや乗り方を検証してみよう。サドルの交換は、それからでも遅くない。

まず、セッティングについて。サドルの高さの調整方法は、P.79で解説した通り。ここで確認するのは、サドルの角度。自転車を平らなところに置き、真横からサドルを見る。このとき30cmほどの定規をサドルの上、左右の中心線に当てるとわかりやすい。サドルの形状に関係なく、この定規が水平になる位置にセットするのが基本。前方に傾いていたり、後傾していないかを確認して、どちらかに傾いていたら、サドル下のボルトをゆるめて微調整する。ボルトには1本締めと2本締めがあり、2本締めは前後の締め方で角度調整ができる（写真は1本締め）。

前後の距離も同時に微調整できるので、ハンドルの位置が遠かったり、近すぎる場合には、サドルを前後にスライドさせて調整しよう。

尻を軽く上げてみる。ヒジを少し曲げてみる

サドルの角度をきちんとセットしても、お尻が痛いようだったら、次に乗り方を検証してみる。「尻が痛い」という初心者の場合、ずっとサドルに座り続けているばかりに、お尻が悲鳴をあげるケースが多い。

小さな段差を乗り越えるときや、地面が荒れているような場合には、左右のペダルが平らになるような位置で脚の回転を止め、ペダルの上に軽く立ち上がるような姿勢を取って、振動をやりすごす。実際に大きく立ち上がることはなく、体重を抜くように、軽く尻を上げるだけでも効果がある。これを続けるだけで、お尻が受けるダメージを大幅に軽減できるはずだ。

また、体のフォームも大切で、どっしりお尻だけに体重をかけるのではなく、ヒジを少し曲げて、腕の方にも加重がかかるようにバランスをとる。プロムナードバーを取り付け、姿勢を起こして乗る自転車ほど、ヒジの曲げを忘れがちなので、少しだけ意識して、お尻をいたわるといい。

サドルの角度と前後位置の調整

サドル下にあるシートピラーのボルトをゆるめるとサドルの着脱ができるほか、角度、前後位置の調整ができる。

サドル上部が水平になる位置が適正。

前下がりになるとお尻が痛くなる。

前上がりになると股間が痛くなる。

サドルの交換

上の写真の要領でシートポスト上部のボルトをゆるめ、上側の金具を90度回転させて、そこに挟まれていたサドル下部の2本のレールを取り外す。

また、お尻の部分に厚みのあるパッドが入った、インナーパンツ（P.119）を履くのも効果的だ。

それでもだめなら
サドル交換を考える

そこまでやっても痛みが取れなければ、そこではじめてサドルの交換を考える。サドルには、クッションの厚みによって硬さの違うものもあれば、サドルのお尻が当たる部分の幅にも各種サイズがある。

脚の回転を重視するなら、多少硬くても、サドル幅が狭いものを選ぶ。逆に振動吸収性をアップしたいなら、分厚いパッドが入り幅も広めのものがいい。

お尻の両端にある坐骨が当たって痛いときには、サドルの幅が合っていない可能性が高い。その場合は、サドルの在庫を多数揃えるショップに相談して、自分の体に合ったサドルを選ぶ。とくにロードバイクに強い店では、試乗用のサドルを用意していたり、お尻の骨の間隔を計測して、それに合った製品を薦めてくれるので、恥かしがらずに頼ってみるといい。

グリップと同じようにサドルについても、機能だけではなく、色や柄や素材を変えるだけで、自転車全体のイメージを大きく変えることができる。それを目的に雰囲気が異なるものと交換してみるのも、またひとつの楽しみである。

サドルには、幅、厚み、表面の素材などが異なる様々な種類がある。サドル後方に当たる坐骨の間隔によって、適正な幅のサドルは決まる。

尻の痛みを解消する乗り方

段差を超えるときや、路面が荒れて振動が辛いときには、ペダルを水平の位置にして、その上に立つようにお尻をサドルから浮かせる。

×

○

もしも腕が伸びきった状態で乗っていたら、ヒジを少し曲げて、やや前傾姿勢にしてみよう。重心をほんの少しハンドル方向に移動するだけで、お尻の負担を確実に減らせる。

タイヤの空気は毎日充填する

空気圧ゲージのついた空気入れを必ず購入する

僕は、ほぼ毎日乗車前に空気を充填している。それは、快適な乗り心地を維持する意味と、パンクを防ぐ効果があるからだ。

スポーツ自転車を志す方は、自転車と同時に、空気圧を表示できるゲージ（メーター）のついた空気入れを購入していただきたい。そして、自分が快適と感じる空気圧を探してみよう。

スポーツ自転車のタイヤをよく見ると、タイヤのサイドに「30〜80PSI」とか「2.0〜5.5bar」など推奨空気圧が記されている。単位は、ほかにも「kPa」などがあるが、大抵の場合、空気圧計に3種類すべての単位で目盛りが表記されているので、自分がなじみやすい数値で調整すればいい。

ちなみに僕はPSIで調整している。それは、数値がもっとも細かく刻まれているからだ。なかにはファットバイクのように、1PSI単位で走行性能がガラッと変わってしまう自転車もあるので、普段からこの単位に慣れておきたいと考えている。

自分好みの空気圧を探して快適に走ろう

空気圧の調整方法は、まずタイヤに書かれた推奨数値の上限に調整して、乗り心地と地面との抵抗を自分なりに感じてみる。

その際、乗り心地が硬いなと感じたら少しずつ空気を抜き、好みの転がり抵抗と乗り心地のバランス点を探す。理想としては、空気を抜きながらリアルタイムの空気圧を表示できる、デジタルのエアゲージ（3000円程度）があると便利。一度、快適な数値を見つければ、あとは空気を充填するたびに、その数値に合わせるだけなので、「おおよそ」ではなく、シビアに追求してほしい。

僕の場合、体が疲れているときと、市街地の移動では、乗り心地を重視して空気圧を低めにセットし、逆にロングライドのときには、転がり抵抗を軽減するため、ほんの少しだけ空気圧を高めに充填している。

また、タイヤの空気圧調整は、体重にも影響されるので、同じ自転車

僕が自宅で愛用しているのは、ボッシュ社の充電式電動ポンプ。デジタルメーターがついているので、正確な空気量に調整ができる。毎日の空気充填は正直面倒なので、労力を減らすために電気に頼っている。

手持ちの空気入れにエアゲージがついていない場合には、市販のデジタルエアゲージを使うと便利。これはトピーク社の製品で約3500円。

最近は、細かい単位で空気圧を表示できる優れた空気入れが増えている。価格は5000〜15000円。毎日使うものなので、丈夫なものを選ぼう。

Inflate to min. 100PSI(7BAR) – max. 130PSI(9BAR)

タイヤのサイドをよく見ると、必ず適正空気圧が表記されている。快適な空気圧は、乗り方や体重にも左右されるので、表記を目安にして、自分好みの空気圧を探してみよう。

でも、体重50kgの人と体重80kgの人では、快適と感じる数値は大きく異なるはずだ。傾向として、体重が軽い人は、推奨空気圧の上限に近く、重い人は下限に近く設定すると快適に乗れる。

空気圧の調整だけで パンクだって防げる

このほか、タイヤの空気圧が低いと、パンクする確率が高まることを覚えておこう。それはなぜか？　たとえば、小さな段差を越えるとき、後輪を強く段差に当ててしまったとする。その瞬間、段差から受けた衝撃により、タイヤ全体がつぶれる。空気圧が少ないほど、大きくつぶれ、硬い段差の角とリムにチューブが挟まれパンクするのだ。これを、自転車乗りは「リム打ち」と呼ぶ。頻繁にパンクをする人は、このケースが考えられるので、空気圧を少し高めにセットしてみるといい。

スポーツ自転車にとって、タイヤの空気は、人間の体に水が必要なことと同じように重要なので、快適に乗るためにも、ここだけは数字にこだわり、日々繊細に調整していただきたい。

米式バルブのタイヤの空気を入れる

米式の場合、空気入れの口金内部のパーツはこの順にセットする。

1　米式の場合は、まずキャップを外す。バルブ形状は自動車と同じ。

2　口金を差し込み充填する。空気を入れすぎたらバルブ内の芯を押す。

仏式バルブのタイヤの空気を入れる

仏式の場合、空気入れの口金内部のパーツはこの順にセットする。

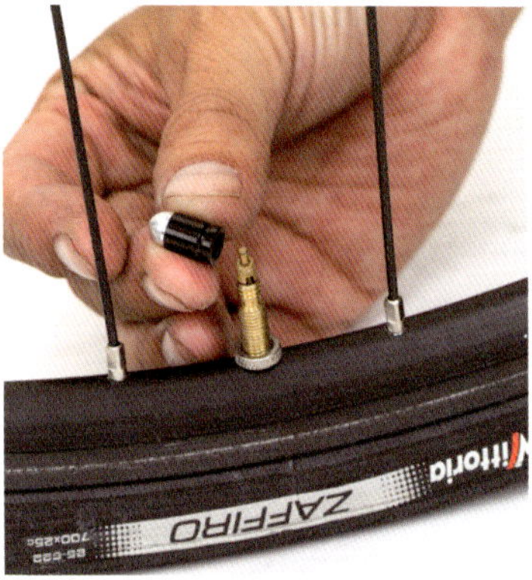

1 バルブキャップをネジって取り外す。仏式のバルブ形状はこれ。

2 空気を入れるときには、先端の金具をゆるめてから空気入れをセット。

3 バルブの奥まで空気入れの口金を差し込んだらレバーをロック。

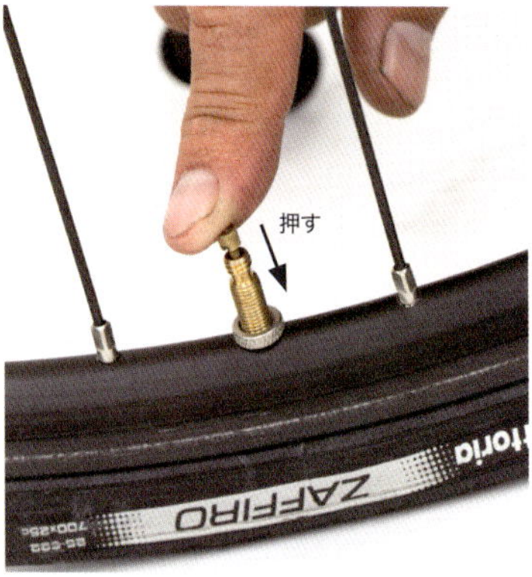

4 空気を入れすぎたら、先端をゆるめた状態で上から押すと空気が抜ける。

中高年は重いギアを踏んではいけない

一生乗り続けるための ペダリングとは？

　ピストバイクを購入した際に、そのままのギア比で乗ったら、すぐにヒザが悲鳴をあげてしまった。そこで1週間後にフロント側のチェーンリング（ギア板）を歯数の少ない小さなものに交換して、ギア比を大幅に軽くした経験がある。さすがはピスト。20代の若者ならヒョイヒョイと乗りこなせるギア比なのだろうが、50代のおっさんの体にはちときつかった（涙）。

　僕が軽いギアを踏むようになったのは、自転車レースを始めてすぐのころ。当時、ロードバイクでトレーニングをしていた僕を見て、親切なショップの店主が助言してくれたことが今も心の残っている。

「そんな重いギアを踏んでいたら、すぐにつぶれるぞ。オレみたいなジジイになったときに、大好きな自転車に乗れない体になっちまうぞ」と。

　このおじさんがいなければ、僕は、今頃、自転車に乗ることすらできなかったのかもしれない。

ギア比を軽くしたいときには、フロント側のチェーンリングを小さくするか（P.104）、リアのスプロケットを大きくする。前者はチェーンを切って短かくし、後者は継ぎ足す。

自分が辛くない
回転数を探して走ればいい

それからというもの、腕時計を気にしながら頭の中で脚の回転数をカウントし、1分間に80～90回転程度の回転数を心がけるようになった。すると、走りの安定感が格段に高まった。ロードレースを目標とする場合、今どきはもっと高い回転数でこぐのだが、ホビーで走ることが目的なら、この数値よりも低くていい（1分間に60回転程度）。要は自分が快適で、体の痛みを感じないことが、もっとも大切なのだ。間違っても、がむしゃらにペダルを踏んではいけない。

一見すると辛そうに見えるシングルスピードだが、実際に乗ってみると、辛さよりも自由さや楽しさが上回ったからおもしろい。

思い切って変速機を取り外してみよう

リアディレイラーのバネがじつはパワーロスの根源

2007年に完成車で購入したサーリーのクロスチェックは、当初、前2段×後ろ9段の18段変速だった。そんな多段ギアを持て余し、購入から2か月足らずで、シングルスピード（変速なし）に改造した。当時は、ちょうど、日本でもピストバイクが流行っていた頃で、時代の気分にも乗ってみたかったこともある（けっこう流行物が好きなのだ）。

変速機を取り外したクロスチェックに初めて乗ったとき、ちょっとした衝撃を受けた。ペダリングが驚くほど軽いのだ。ホイールはもちろん、ハブだって、それまで装着されていたものと同じなのに。

「街乗りなら、変速機なんていらない」というのが僕の結論。

そのとき、気づいたことは、常にチェーンをピンと張るリアディレイラーのバネが、じつはパワーロスの根源であるということ。それに気づいた瞬間から、僕はシングルスピードの軽く自由な乗り味に魅了された。

街乗りはもちろん、ホノルルセンチュリーライドにノースショアメトリックセンチュリーライドにも、シングルスピードで参加し完走した。それは楽しい思い出となった。

とはいえ、現在このクロスチェッ

リアディレイラーは、走行中にチェーンが外れないように、強い力でチェーンを張っている。じつは、これがパワーロスの原因になっている。

クには9段のリア変速機が取り付けられている（フロントは変速機なし）。それは、その後、2台のシングルスピードバイクを新調したため。さすがにシングルばかり3台は無駄な気がして、クロスチェックの主たる用途を長距離ツーリング用に変更してリア変速機を搭載したのだ。

変速機とは回転維持装置なり

ところで変速機の役目を知っているだろうか？　僕は、脚の回転を一定に保つための装置と認識している。

変速機が装備された自転車に乗る場合、僕は平均して1分間に80〜90回転でペダルをこいでいる。加速時、登坂時には回転数は落ちるが、それ以外は、ほとんどこの回転数をキープする。そのために、多いときで1〜2秒に1回は変速操作を行なう。それは忙しいのだ。

回転数を一定にするメリットは、心拍数の上下動を抑え、無駄にパワーを使わなくてすむこと。とくに長距離を走るときに、回転数を一定に保つことを意識すると、それだけでスタミナを温存し、楽に目的地に到達できるようになる。

スピードを上げるためにギアを重くするのではなく、下り坂などで回転数の上昇を抑えるために変速し、結果としてスピードが上がるというのが、僕の変速機に対する考え方だ。

フロント側のギアはなるべく小さいものにする

では、なぜフロント変速機なしの

フロントのチェーンリングを交換する際には、歯数のほかに、PCDという固定ボルトの穴の間隔と数が同じ物を選ぶ。色違いのパーツに変えて遊ぶのもあり。

9段変速にしているかといえば、僕の場合、ロードレースに参加することもなく、マイペースで旅を楽しむことが目的だからだ。最高速を競う必要もないので、フロント側のギアは一般的な前3段変速のクロスバイクのミドルギアに相当する38丁を装着。全体にギア比を軽く設定して、リアの変速機だけで広範囲をカバーできるようにした。

だから9段変速といっても、ロードバイクのフロントをインナーギア（軽いギア）に入れたときよりも軽いギア比で走っていることになる。なので、よほど長く急な峠道でも上らない限り、これで十分いける。上れなければ押して歩けばいい。

変速機をひとつ減らすことで、無駄なマシントラブルを防げるうえ、余計な変速操作を省ける。もちろん、無駄なお金を使わなくてすむ。

一度、シングルスピードに乗ってみると、変速段数が多ければ性能が高まるわけではないことを学べる。できるだけ機械に頼らずシンプルに乗ることで、自転車の本質を垣間見ることができる。そして、自転車がシンプルであるほど、感性が研ぎ澄まされ、心に残るライディングができるのだ。

チェーンリングの交換の仕方

必要な工具とパーツ

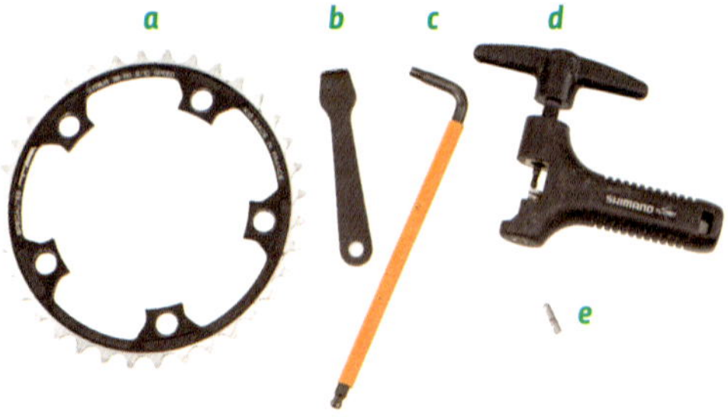

チェーンカッターがあれば、チェーンの交換もできる（P.105の8からの作業を参照）。古いチェーンをはずして、新しいチェーンをそれと同じ長さにする。

a. チェーンリング
チェーンリングは、PCD（ボルト穴の間隔）、穴の数が同じものを選ぶ。

b. ペグスパナ
チェーンリングを固定するナットをおさえるときに使う専用工具。

c. アーレンキー
チェーンリングを固定しているボルトを回すために使う。

d. チェーンカッター
チェーンを繋ぐ細いピンを抜き挿しして、チェーンの長さを調整するときに使う。

e. コネクティングピン
変速機対応の細いチェーンは、ピンを抜くたびに新しい専用のピンに交換する。

1 チェーンを外す。手が汚れるので、ウエスなどを使うといい。

2 ロックナットを取り外す。裏側にペグスパナを当て、ボルトを回す。

3 すべてのロックナットを外したら、新しいチェーンリングに交換する。

4 ロックナットは、表側からボルトを入れ、裏側からナットを入れる。

5 ペグスパナでロックナットを固定して、ボルトを締める。

6 リアディレイラーを押しながらチェーンをチェーンリングにかける。

7 リアディレイラーを元の位置に押し戻し、チェーンの余剰長を測る。

8 7の作業で測ったチェーンの余剰分をチェーンカッターで切断する。

9 チェーンカッターで、コネクティングピンを完全に抜く。

10 チェーンを何コマ外すと適正な長さになるか確認してから切る。

11 チェーンをチェーンステイとシートステイの間に通してから、接合する。

12 新しいコネクティングピンの先端（細いほう）を手で挿入する。

13 チェーンカッターでコネクティングピンを押し込む。

14 ピンの先端がプレートからはみ出る位置まで入れたら、先端を折る。

15 チェーンを左右に動かし、接合部分の動きが悪くないか確認する。

16 チェーンをかけてから、スムーズに変速するか確認すれば完了。

Chapter

4

自転車旅＝小さな冒険の始めかた

→ 自転車に乗ることは冒険なんです

本来、自転車はなんでいもいい

小学五年生の夏のこと。放課後、クラスメイトと待ち合わせをして、初めて子供だけで自転車に乗って自分の町を出た。「川を見に行こうぜ！」。そんな軽いノリだった。

繰り返し現われる急坂や、見たこともない道。とにかく西へ走れば、川に出るとの一念を胸に秘めて、ペダルを踏み続けた。そして、夕方、西の空が橙に染まる頃、ようやく多摩川に到着した。水の流れや、川原の風景が美しく、虫の声が清清しかったこと。それは、少年にとって紛れもない冒険だった。

暗くなるは、腹は減るわで、帰路は予想外に大変だったが、帰宅後にこみ上げた、胸が熱くなるような感動と充実感は、今でも強く心に焼きついている。

今、振り返ると、あのころは誰も自転車のことなんて気にしていなかった。低学年から乗り続け、もはやサイズが小さすぎる子供車の奴もいれば、母親のママチャリに乗ってきた奴もいた。大切なのは、「自転車に乗ってどこかへ行きたい」というピュアな気持ちだけ。ただペダルを踏んで町を出れば、どんなに短い距離であろうと、刺激に満ち溢れた冒険になるのだ。大人になった今も、じつは自転車本体に投資することより、いつの間にか忘れてしまった、少年時代の心の声を呼び起こすことのほうが大切なんじゃないかと僕は思っている。

サイクルコンピュータは捨てろ

そして、もうひとつ。自転車に乗るときには、できることなら自分の走りを数値化しないこと。サイクルコンピュータの液晶画面を見て、何km走ったとか、最高速度や平均速度が何kmだったとか。そんなことを気にしだすと、本来楽しめるはずの景色を見逃したり、もっと遠くへ行きたいという好奇心さえも、気がつかないうちに消し去ってしまう可能性があるからだ。

大切なのは、五感を研ぎ澄ませ、移ろう風景や香りを感じること。メーターや地面とにらめっこして走り終えるなんてもったいない。ぜひとも、記録より記憶に残るサイクリングを心がけてほしい。そのために、まずサイクルコンピュータを捨てよ（持っていない人は買わないことを推奨）。

映画『イージーライダー』で、ピーター・フォンダが、ハーレーにまたがり、町を出るときに腕時計を投げ捨てた。そんな決心こそが冒険をより刺激的にするのだから。

そして、せっかく乗るんだから、心に余裕を持って、笑顔で走ろう。

自転車に乗って知らない土地を走ると、その場所固有のにおい、音、風、起伏を全身で感じることができる。壁や窓に閉ざされた自動車でドライブしたり、エグゾーストサウンドを轟かせるオートバイとは違い、微細な情報まで受け止められる。

最初は15kmまでをゆっくり走る

自転車といえどもスポーツ。まずは体を慣らすことから

スポーツ自転車は、子供の頃に自転車に乗った経験さえあれば、何の練習をしなくてもとりあえず乗れてしまう。じつは、これこそが大きな落とし穴だ。

高性能自転車を買えば、その日から、いくらでも走れるなんて思っていないだろうか？　たしかにできないことはない。けれでも、大事なのは走ったあと。その人の運動能力や、走る距離、走り方にもよるが、いきなりロングライドをすることにより、尻、足、ヒザにダメージを受ける。それが致命傷になり、その後、乗れなくなることも考えられるし、乗る気力がうせる可能性もある。

なので、楽しく冒険するためにも、ゆっくりと体の準備をしながら自転車に慣れていこう。

ステップ1は、とにかく自転車に慣れること。地図を見なくても走れるような近距離をゆっくりと移動しよう。距離は15kmぐらいまで。なじみの店や気になるカフェなどをつなぎ、ストップ＆ゴーを繰り返しながら走る。

そして、変速機の操作はきちんとできるか、ブレーキの効き具合に問題はないか、ガタつきはないか、尻や腕やヒザが痛くないか…、などなど、自転車と体のコンディションに注意しながら走る。もし自転車のコンディションが悪ければ、その足で購入したショップに寄って、チェックしてもらうといい。

体のコンディションが悪ければ、すぐに自転車から降りて、軽くストレッチングをしたり、体を休め、なるべく早く帰路に着く。尻の痛みだって、正しいポジションなら3日も乗れば慣れる。また、運動不足気味の人がいきなり体を動かしたために感じる痛みもある。一番大切なのは、無理をしないこと。

これを繰り返し、物足りなくなったら次のステップへ行こう。

20〜30km程度から徐々に距離を伸ばしていく

15km以内の移動に慣れてきたら、ステップ2は20〜30km程度を目標に走ってみよう。車が走らないサイクリングロードをコースに組み込ん

だり、軽い標高差があるような道を走り、難易度を少し上げるといい。社寺や歴史的建造物、グルメ系の店などを途中に入れると、走る楽しみが増える。

ここまできたら、もう体も慣れて、立派なサイクリストだ。ステップ3は、本格的なツーリングに出かけてみる。ネットでもかまわないので、地図を見て自宅から往復50km程度のルートを計画しよう。道に迷うことが怖ければ、幹線道路を往復してもいい。逆に静かな道が好みなら、地図を駆使して旧道や裏道をつないで走るといい。

この段階からは、パンク修理ができる工具セットや、雨具、携帯食、飲料の持参は必須となる。パンク修理や簡単なメンテナンスの知識は、このステップに至るまでに習得しておきたい。

ここまでできたら、あとは自分しだい。50km走って、筋肉や関節にひどい痛みを感じなければ、どんどん距離を伸ばせばいい。100kmを越えるロングライドに出かけたり、簡単な着替えを持って宿泊しながらの旅を楽しんだり。自転車のスキルが高まることで、旅の楽しみ方は無限に広がる。

自走で出かけてもいいし、クルマに積んで遠くまで移動し、高原や海岸線を走るのもいい。また、自転車を分解し、組み立てるスキルを身につければ、輪行というスタイルで、電車や飛行機と組み合わせて、日本はもちろん、世界中の道を走ることだってできる。

そんなことをイメージして、ステップバイステップで、あせらずゆっくりとサイクリストの階段を上ろう。

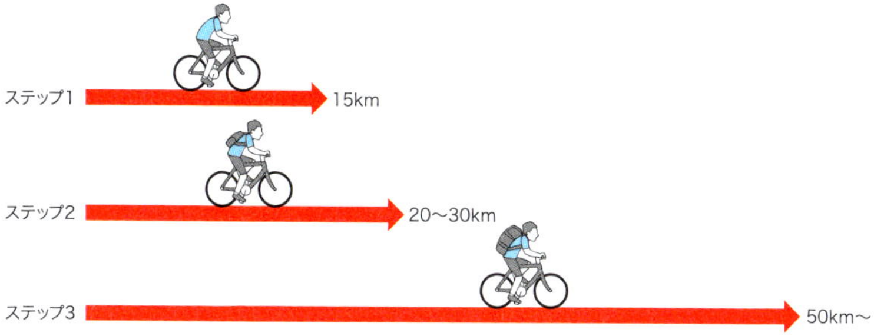

Lesson 3

立ち寄りたいスポットを地図に書き込む

しっかり計画して心に残るサイクリングを楽しむ

行き先を決めずに気ままに走る。そんなサイクリングの楽しみ方もあるが、皆様には、ぜひ地図を眺めて、行きたい場所や見たいスポットを巡るルートを構築する作業に挑戦していただきたい。ナビゲーションに行き先をピピッと入れて、液晶画面の地図を見ながら走るのとは違い、このプロセスを踏むことで、知的好奇心まで満たすことができるからだ。

では、どうやってルートを設定するか？　僕の構築方法を紹介する。

まずは行きたいエリアを決める。前日に観たテレビ番組のグルメ情報を参考にしてもいいし、雑誌の記事で紹介されたエリアに行くのもあり。少しでも自分が興味を引かれた（心が動いた）場所を行き先にしよう。

もしくは、前項で紹介したステップに従い、自宅からの半径を地図上に記し、往復20km、30kmという具合に、射程距離の範囲内から行き先を決めるのも大いにあり。

行き先を決めたら、そこまでどう行くかを考える。自走か、輪行か、クルマに積んで行くか？　たとえば目的地を10kmほど離れた街として、そこまで自走することに仮定する。これでスタート地点と折り返し地点が決まる。そこから地図を見て、ルートを書き込む作業を始める。

旅先でチェックできるインターネットの地図が便利

僕は数年前まで紙の地図を使っていたが、最近は、もっぱらGoogleのマイマップを利用している。電子地図上に、寄り道ポイントや、想定ルートを自由に書き込め、出先ではスマホで、その情報を閲覧できる点が気にいっている。スマホを使う前は、ここで入力した情報を何枚かに分けてプリントして、それを持って出かけていた。迷いそうな部分だけ拡大してプリントすれば、それでも十分便利に使えた。

次に地図上に、立ち寄りたいスポットを記す。たとえばカメラ好きの人なら、フォトジェニックな歴史的建造物や景勝地などを入れてもいい。憧れの有名自転車店や、美味しいランチを食べられる店や、B級グルメが自慢の店など、気になるところをどんどんマーキングする。

寄り道ポイントの目安は10箇所程度まで

僕の場合、走る距離に関係なく、1ルートで10箇所前後に立ち寄ることが多い。距離が長くなれば、それだけ移動時間が長くなり、立ち寄りポイントが多いと慌しくなるから、むやみに増やしすぎないこと。逆に距離が短ければ、1箇所に長時間滞在できるので、グルメ系の店や、美術館や博物館などを入れるといい。

寄り道候補地は、必ずインターネットの情報をチェックし、定休日、営業時間を確認しておくこと。

寄り道ポイントが決まったら、通る道を決める。幹線道か裏道か。道選びは、自分の感性に従えばいい。小さいことを気にせず、わかりやすい道を走りたければ幹線道を優先する。逆に、クルマの交通量が少ない静かな道や、初めて走る町の素顔を見たければ裏道を選ぶ。

僕は、走る距離に関わらず、まず川を探す。川沿いに道があったり、すでに埋め立てられて緑道になっていたらしめたもの。そこを優先して、ほかのルートを構築する。なぜなら、水辺は夏でも涼しいし、樹木の陰があることも多い。なにより川に沿って走れば、急な坂がないのだ。

寄り道ポイントをつなぐいい道が見つからなければ、寄り道ポイントを変えたり、回る順序を調整する。最後に距離を計算し（Googleのマイマップは自動的に計算してくれる）、コースを見直す。

分岐点がわかりにくければ、交差点名や周囲の学校や病院など、目印になるものを追記しておこう。そして、道の形状や電車の駅など、周囲の特徴を含めて、なるべくコースを暗記しておく。ここまでできれば、あとは走るだけ。

コース途中で迷ったら、スマホやプリントした地図を取り出し、チェックすればいい。事前に道を覚えておけば、立ち止まって地図を見直す時間を減らせるので、快適に走り続けられる。

また、太ももあたりにポケットがあるカーゴパンツを履き、そこにスマホを入れておくと、ペダリングの邪魔にならず、すぐに取り出せるので便利だ。

もし途中で道に迷ったら、引き返すか、地図を見てショートカットルートを探すなど臨機応変に。失敗を恐れず気にせず、アドリブを楽しむのも大いにあり。自分のためのサイクリングなんだから、失敗したってそれをプラスに変えるぐらいの軽い気持ちでいけばいい。

Googleのマイマップの使い方

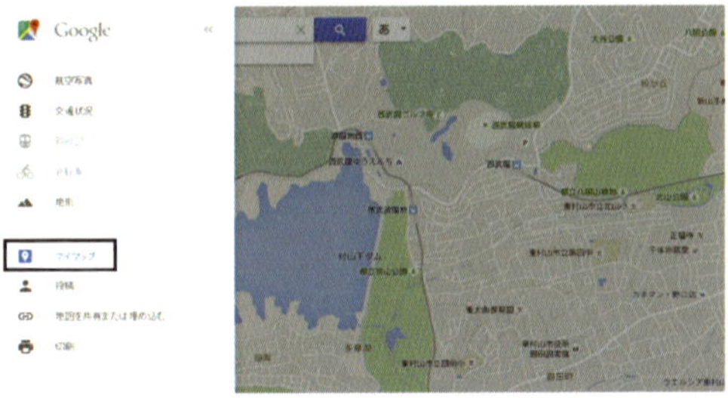

Googleのマイマップは、インターネット検索サイトGoogleの地図機能のなかにある無料サービス。簡単な情報を登録してログインすると使用できる。

1 まず検索ボックスの左はじのアイコンから「メニュー」を開き、「マイマップ」をクリックする。次に「作成」をクリックする。

2 「無題の地図」という文字をクリックして、適当なコース名を記載する。今回は「SUNDAY RIDE」と記載。

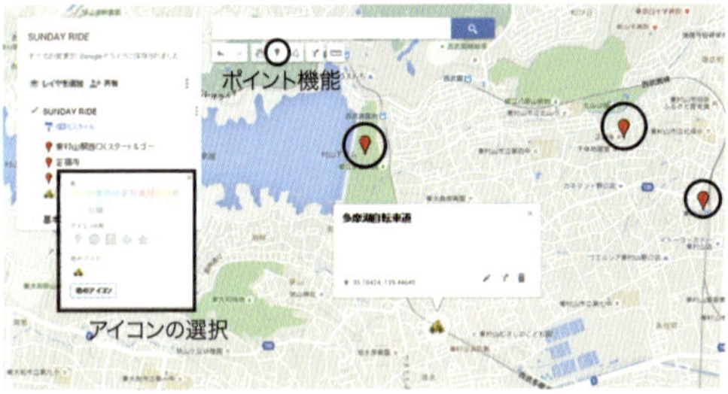

3 スタート地点、寄り道ポイント、ランドマークとなりそうな場所を「ポイント」機能を使って地図上にマークする。ポイントのアイコンや色は変更できる。

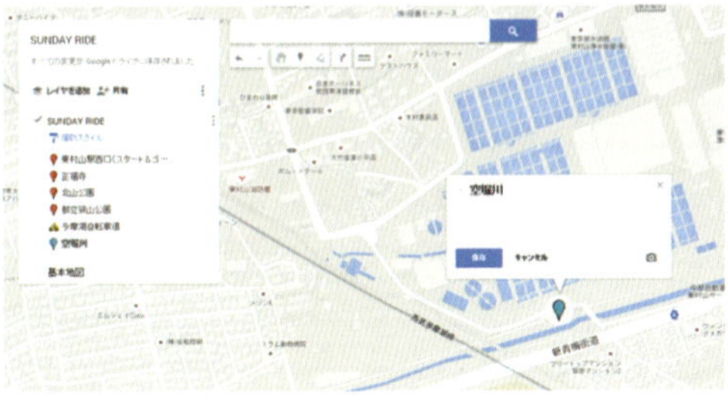

4 僕の場合、行きたいエリアに川を見つけたら、地図を拡大したり、航空写真画面に切り替えて、その両サイドに走れそうな道がないかを必ず確認する。

5 スタート＆ゴール、寄り道ポイントをマーキングしたら、次にルートを絞り込む。「ライン」機能を使い、走りやすそうな道、迷いにくそうな道の上に線を引く。

6 「ライン」は、太さや色を変更できる。あとからポイントの移動や、延長もできるので、全体を眺めて、あとからコースを部分的に変更することもできる。

7 完成したマップ。「ライン」をクリックすると合計距離が表示される。スマホやタブレットがなければ、プリントアウトして持っていくといい。

8 android用「My Maps」、iPhone用「GMap Tools」など、スマホのアプリを使えば、パソコンで入力した地図を旅先で表示できるので便利だ。

Lesson 4

時速10kmでルートの走行時間を算出する

距離に関係なく明るい時間だけ走る

サイクリングの鉄則は、早朝出発、夕方帰着。理由は事故の確率を下げるため。暗い時間帯は、車からの視認性が悪いうえに、その暗さから路面状況の瞬間的な判断力も落ちる。日中なら難なくかわせる小石を踏んだり、溝にハマって転ぶことも考えられる。

とくに長距離のサイクリングに出かける際は、日の出、日の入り時刻をチェックし、明るい時間帯に走りきるようコースを構築したい。

逆に10～20km程度のアーバンライドで寄り道を楽しむ場合は、店の開店時間などを調べ、そこに合わせてゆっくりスタートすればいい。もしくは、朝食の美味しい店からスタートするのもありだ。

僕の場合、距離に関係なく時速10kmでルートの走行時間を算出している。20km走るのに2時間。普通にスポーツ自転車を漕げば、簡単に時速20kmで走り続けられる。しかし、20kmで計算すると信号待ちの時間や、偶然見つけた風景をカメラに収めたりするたびに、時間が押してしまうことになる。SNSに写真をアップする時間だって必要だし、話好きの人と出会うことだってある。

そんな当日発生するだろう停止時間まで見越して、時速10kmを目安に計算することでスケジュールに余裕が生まれる。この程度のサバを読むだけで、なにより大切な当日の「のんびり感」をしっかりと演出できる。たまの休日に大好きな自転車に乗るのに、時間に追われるなんて悲しすぎるでしょ。

→走行時間早見表（時速10kmで計算）

距離	時間	9:00に出発した場合のゴール時間。()内は1時間昼食休憩をとった場合
10km	1時間	～10:00
15km	1時間半	～10:30
20km	2時間	～11:00
25km	2時間半	～11:30
30km	3時間	～12:00
35km	3時間半	～12:30(13:30)
40km	4時間	～13:00(14:00)
45km	4時間半	～13:30(14:30)
50km	5時間	～14:00(15:00)
55km	5時間半	～14:30(15:30)
60km	6時間	～15:00(16:00)

ビルや自動車だらけの都会を抜け出し、広い空や田園風景のなかを走れば、それだけで癒される。遠くへ走るほど、景色の変化は大きくなり、楽しみも広がってゆく。

走るだけのウェアより一日を快適に過ごせるウェアを

汗の乾きやすい化繊やメリノウールがいい

サイクリングウェアは、汗をいかに処理するかにこだわって選ぶ。とくに発汗量が多い夏場は、速乾性の生地で作られたシャツとショートパンツを組み合わせることで、サイクリング中、つねに快適なコンディションを保てる。

逆にコットンのTシャツやジーンズで走ると、汗がウェア全体に広まり、ベタ付いたり、重くなったりして不快な思いをする。それだけではなく、長い下り坂では、風がお腹を冷やして体調不良になることもある。

素材としては、ポリエステルなどの化学繊維でできたシャツや、メリノウールが代表的。

また、肌が弱い人は、日焼けを防ぐために、薄い速乾性の生地でできた長袖シャツの着用や、ランニングや登山用として市販されているUVカット機能を備えた薄いアームカバーで腕を保護するといい。

僕のように汗かきの人は、コットンTシャツだと不快な思いをする。

ベーシックな ライディングウェア

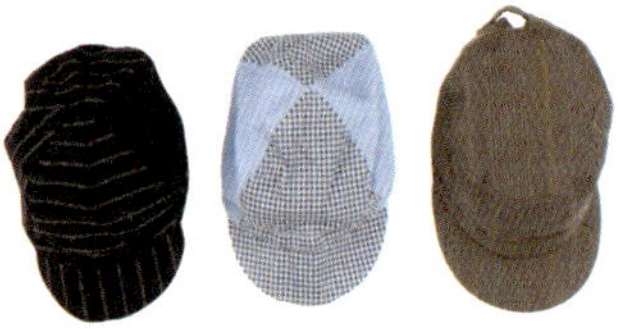

キャップのツバは風で飛ばされにくい短いものが便利。季節によって、生地の厚さや素材が違うものを被っている。

Tシャツは、汗をかいても快適なメリノウールや化繊を使っている。パンツは、ストレッチ素材が基本。

街乗りの定番がこれ。速乾性の襟付きシャツに、ストレッチデニム。どちらも「クラブライド」というアメリカのサイクルアパレルブランドの製品。

お尻にパッドが入ったインナーパンツを履けば、お尻が痛くなりにくい。女性用、男性用があり、1枚3000円程度で買える。

寒冷地でもアンダーウェアと上手な重ね着で快適に走れる

やっかいなのが冬。スタート時点では、こごえる寒さでも、走り出すと徐々に汗をかくから。夏と違って重ね着する冬は、生地から直接汗を外に発散することができない。ゆえに、体内から放出された汗をどう処理するかで快適性が大きく変わる。

もっとも大切なのがアンダーウェアだ。一度かいた汗をアンダーシャツの外側に出し、ムレない生地がベスト。10度Cからマイナス5度Cぐらいまでなら、アウトドアウェアメーカーの発汗素材（メリノウールや化学繊維）でできたアンダーウェアがいい。

マイナス5度C程度までを想定した冬場の僕のレイヤー（重ね着）スタイルは、メリノウールまたはポリエステルのアンダーシャツ（汗をかいてもひんやりしないもの）、厚手のメリノウールのジャージ（ここに汗を吸わせてためる）、ソフトシェル（やわらかい素材のアウター）かコットン系合成繊維のアウター（主に風除けと保温）。

僕は東京の冬程度の寒さなら、脚の汗が気にならないので、ストレッチデニムかストレッチ系のカジュアルなサイクルパンツ1枚で走っている。もう少し寒いエリアで走る人や、脚の冷えが気になる人は、アウトドア用の薄いアンダーを着るといい。

2000円で買える冬の必須アイテム

真冬の寒冷地でファットバイクに乗るようになったこの数年、愛用しているのがユニクロの暖パンだ。これは、中綿が入った化学繊維で作られた細身のシルエットのカーゴパンツで、親切なことに肌に当たる裏地にはフリースを使用している。定価2000円程度のパンツなのだが、マイナス20度Cを下回る釧路やミネアポリスの冬でも、パンツはこれ1枚で快適に走れる。マイナス25度Cを下まわらなければ、アンダータイツも必要ない。

ただし、足元から冷えるため、ウインターシューズの中には、ファイントラックというメーカーのドライソックス、メリノウールのソックスを重ねて着用し、シューズの上には、ゴアテックス製のゲーター（すねに装着するスパッツ）をつけている。ゲーターは、防寒のほか、雪上を自転車で押して歩くときに、雪が靴の中に入ることを防いでくれる。

寒冷地を走る場合、肌を露出すると凍傷になる可能性があるので、顔はバラクラバ（フェイスマスク）で

冬の重ね着の例

もっとも肌に近いインナーには、汗をかいてもヒンヤリしにくい速乾性の化繊かメリノウール製のシャツを着る。

その上には、メリノウール製のサイクルジャージを着る。インナーよりも厚手の生地で、保温性が高い。

アウターには、ソフトシェルのパーカを着用。防風、防寒に加え、湿気を外に出す素材なので快適性を保てる。

寒冷地のウェア

ウェアさえしっかりとしたものを身につければ、たとえマイナス30度Cでも楽しくサイクリングできる。

左上：通気性がいいグローブは春から秋にかけて使用。右上：厚手の冬用。左下：寒冷地を走るとき用のアンダーグローブ。アウターには冬山登山用（右下）を組み合わせる。

冬のサイクリングに欠かせないユニクロの暖パン。温かく風を通しにくい中綿入りのカーゴパンツで、フリース製のインナーは肌ざわりがいい。

寒冷地を走るときの必須アイテム3つ。バラクラバで顔の凍傷を防ぐ。靴の中が汗で冷えないよう、ドライ生地のインナーソックスを使用。ゲーターで、足首の冷えを防ぐ。

覆い、その上にヘルメットやネックウォーマーを着用する。もちろんグローブも寒冷地用で、必要に応じてアンダーグローブも併用する。

今どきのアウトドアウェアを駆使すれば、真冬といえども、それほど厚着をしなくても快適に走れるので、もはや自転車にオフシーズンはない。

多くの人が実践していると思うが、サドルと当たる部分にパッドが入ったサイクリング用のインナーパンツは、お尻の快適性を保つため一年を通して着用するといい。

レーシングウェアで入店はマナー違反と心得よ

このほか、サイクリング途中に、カフェ、レストラン、美術館など、一般の人が利用する公共施設に立ち寄る場合、マナーとしてレーシングウェアは避けるべきだ。それは、サッカー選手が、汗をかいたウェアを着てそのままカフェに入るようなものだから。

広島と愛媛を結ぶしまなみ海道などのメジャーサイクリングロード周辺で、自転車を置くためのスタンドがあるような店なら、レーシングウェアを着たままの入店でも歓迎してくれるだろうが、一般客が利用する普通の店に入る場合、ほかのお客様がどう感じるかを考えてみるといい。大人のたしなみとして、他人に不快感を与えてはならない服装ぐらい、誰でも理解できるだろう。

スポーツと街歩きの要素を併せ持つサイクリングは、考え方を誤ると、快適に走れなかったり、視覚的に迷惑な行為になるので、服装には気を配るべきだ。

僕は一年の大半を、速乾性、スト

速乾性の生地を使った「クラブライド」のシャツは、汗をかいてもベタつきにくい。ボタンの内側にはファスナーがあり、朝晩の冷え込みからお腹を守れる。

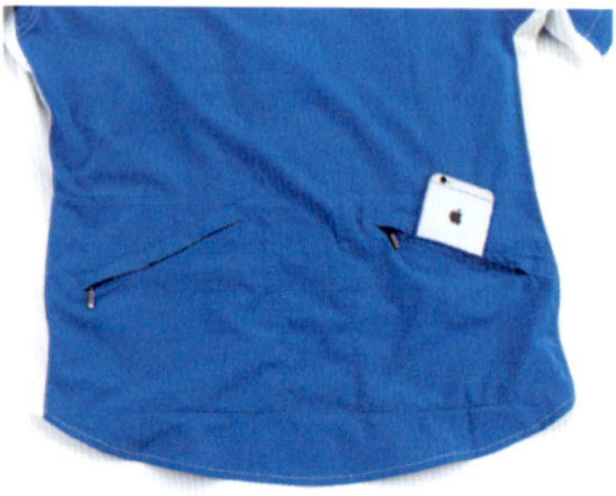

背中の部分には、スマホや財布などを入れられるファスナー付きのポケットがある。見た目はカジュアルなシャツだが、機能は本格的なサイクリング仕様なのだ。

レッチ性を持ちながら、見た目は普通のカジュアルウェアと変わらないサイクルアパレルブランドの服を着て走っている。とくにクラブライド、リンプロジェクトの2ブランドは、快適な着心地に加えて、自分の体型と所有する自転車の雰囲気に合っているので多用している。それに、お気に入りの服を着て走ると、気分がグンとあがることも大切な要素と感じている。

レーシングウェアが、自転車に乗るときに、もっとも動きやすいことは言うまでもないが、それはレーサーに任せておけばいい。街を走るためにデザインされたサイクルウェアが存在するのだから、それを着ない手はない。

春、秋など、爽やかな季節のサイクリングでは、コットンのTシャツやパンツを着ることもある。その場合は、速乾性のシャツなどのインナーを着て汗対策をすると快適だ。

ヘルメット着用はケースバイケースで

ヘルメット普及の立役者がヘルメットを被らない理由とは？

それは、1989年７月のこと。当時、欧州のプロロードレースでは、カスクと呼ばれる簡易的なヘッドプロテクターを使う者が少数いる程度で、皆、キャップを被ってレースをしていた。そんな時代に、GIROというブランドの軽量ヘルメット（現在普及しているものの元祖ブランド）を被って走ったアメリカのスーパースター、グレッグ・レモンが、世界最高峰のステージレース、ツール・ド・フランスを制した。

そのインパクトがあまりにも強烈で、ヘルメットはかっこいいものと、多くのサイクリストが影響され、愛用者が急増した。そして、今ではルールの上でも、ヘルメットを義務化。といってもそれはレースでの話。

じつはこの話には続きがある。2012年に収録された「ガイアシンフォニー地球交響曲第七番」というドキュメンタリームービーに年老いたグレッグ・レモンが出演。ヘルメットを被らずにロードバイクで颯爽と北陸を走り抜けた。途中のインタビューでは「今はヘルメットをかぶらないんだ。それは、より風を感じたいから」と答えた。

ミスターヘルメットが、今ではヘルメットを被っていない事実を知り、しかも、ヘルメットを被らない理由が僕の考えと似ていたので、驚かされた。

雑誌やウェブサイトを見ると有識者たちが「安全のため自転車はヘルメットを被って走りましょう」と訴えている。雑誌の記事でヘルメットを被らずに走るシーンが掲載されると、読者からクレームのメールが届くことも多いとか。

しかし、2015年9月現在の日本の法律で、大人が自転車に乗る際のヘルメット着用は義務付けられていない。だから被るか、被らないかは、自分で判断すればいい。

ヘルメット着用よりもスキルアップのほうが大事

僕がヘルメットを被るのは、MTBでトレイルを走るとき、交通量の多い幹線道を長時間走り続けるとき、雑誌やイベントなどのルールでヘルメット着用が義務づけられているときだけだ。そのような事故や転倒のリスクが高いときだけ被り、普通に自転車に乗るときには、あえてヘルメットを被らないよう使い分けている。

それには理由がある。まず、僕は、自転車で市街地を走るとき、とにかく遅いから。アベレージ速度は、時速15km前後。ママチャリに追い抜かれる（下手するとランナーにも抜かれる）日々だ。そんな速度に加えて、基本的に幹線道を走らないルートを選ぶから。車道と歩道の区別がないような道を走ることが多く、歩

自転車事故に遭った友人は、口を揃えて「もしヘルメットを被っていなかったら、ここにいなかった」と話す。僕も年齢を重ねるにつれ、ヘルメットを被る機会は増えている。

ヘルメットを被っても、事故を防ぐことはできない。いつでも停まれる速度で走ること、多少、体勢を崩しても転ばずに停まれる技術を身につけることを忘れないでいただきたい。スキルアップには、MTBで山道を走るといい。

行者と対面することも少なくない。そんなときに、歩行者に威圧感を与えるヘルメットは、少々大げさすぎるように感じている。田舎道で老人に話しかけたときには、ヘルメットを被っていると、その威圧感からか、警戒されて話も弾まない。そんな旅の楽しみをひとつ失うことも被らない理由のひとつとだ。

　クルマ、歩行者、自転車が、横から飛び出しやすい交差点で少し右寄りを走ったり、段差を斜めに乗り越えないよう注意するなど、日々、安全に走るためのスキルを磨き、むやみにスピードを出さないことを心がけるほうが、ヘルメットを被ること

ロングライドの際には、必ずヘルメットを持っていき、国道など交通量が多い危険な道ではヘルメットを被るが、裏道や街中は、帽子を被ってゆっくりと走るようにしている。

見た目を大げさにしたくないので、ポタリングをするときには、なるべくヘルメットを被らないで走っている。ただし、一年を通じて、何も被らずに走ることはない。

よりも、ダイレクトに安全走行につながる。ヘルメットは、転倒時に最低限、頭を守るものであって、事故を防ぐものではない。安全に走る意識こそが大切なのだ。

幸い自転車には免許制度もなく、誰もが気軽に乗れることこそ最大の魅力だ。大人なら、自分の命の心配は自分で考え、判断すればいい。家族がいるのなら、家族のことまで考えるのは至極当然のこと。自分の責任で、自分らしく、気持ちよく乗ればいい。

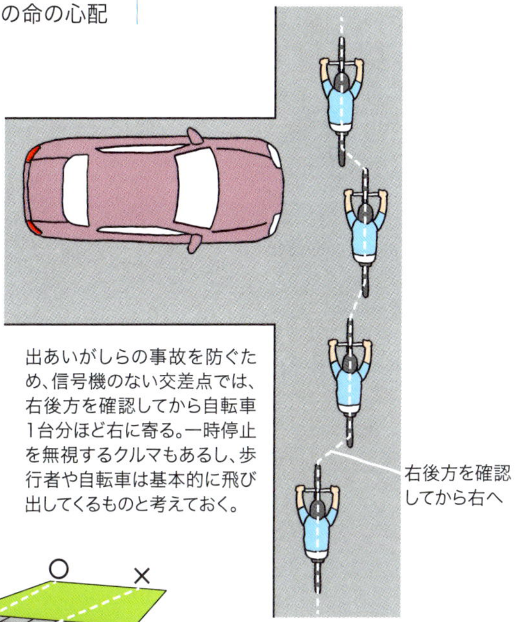

出あいがしらの事故を防ぐため、信号機のない交差点では、右後方を確認してから自転車1台分ほど右に寄る。一時停止を無視するクルマもあるし、歩行者や自転車は基本的に飛び出してくるものと考えておく。

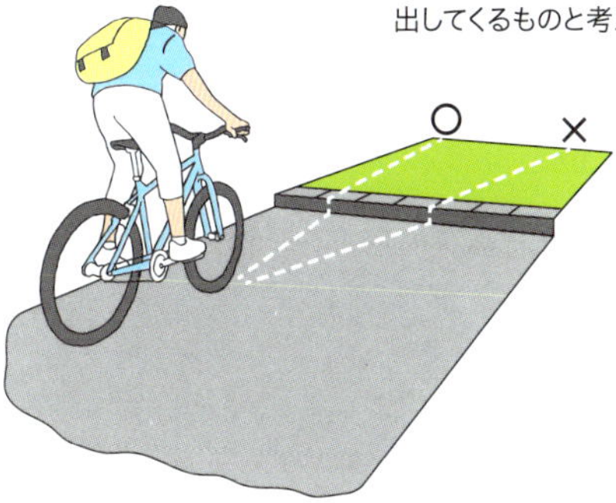

段差に対してまっすぐに入る。段差の手前でペダルの上に立つように尻を浮かすとさらによい。段差に斜めに入るとタイヤが滑りやすく転倒のリスクが高まるので注意。

大型バッグを背負うと遊びが広がる

お土産をたっぷり買って持ち帰る

片道2km程度の買い物ライドから、100kmを超えるロングライドまで、必ず大きめのバックパック（30L）を背負って出かけている。背中の負担を減らすために、荷物を軽量化するのはツーリングのセオリーだ。しかし、貧乏性の僕は、ただ走るだけでは満足できない。出かけた先で過ごす時間の快適性をアップする道具を持っていったり、お土産をたっぷりと買って持ち帰ったりする（とくに地酒を買うことが多い）。

ロングライドの際にバッグに入れる荷物は、以下の通り。雨具、着替え、タオル、携帯工具、パンク修理セット、空気入れ、輪行袋、軍手、タイラップ（3本）、スマホのスペアバッテリー。以上は、一般的なツーリングアイテムだ。

片掛けタイプは、カメラなどを素早く取り出せる。バックパック型で開口部がロールアップ式のタイプは、大容量かつ、一升瓶や大根など長い物を入れられるので便利。

クーラーバッグは一年中、役に立つ

そして、あると便利なグッズが以下になる。

汗拭きシート（防臭性が高いものでおやじ臭を撃退）、ウエットティッシュ（ちょっとしたメンテナンスで、手が汚れたときのため）、ジッパー付き袋（雨が降り出したら、スマホと財布を入れて水から守る）、レジャーシート（砂浜や芝生で昼寝するときに使用）、小さなクーラーバッグ（予備の水を冷えたまま運べる。海産物や生酒をお土産に買ったときには保冷したまま持ち帰れる。寒冷地を走るときには、おにぎりなどを凍らせない保温バッグとして使用）、日焼け止めクリーム（春から秋にかけて）、エコバッグ（シルナイロン製のものを使用。防水性があるので、降雨の際に荷物を入れて水から守る）。宿泊を伴う旅では、駐輪場の環境がわからないので、予備のチェーン錠を持っていくと安心だ。万が一、旅先で自転車が壊れ、置いて帰るケースでも、鍵が余分にあれば、確実にロックできるので盗難の心配を減らせる。

最近では、スマホで写真を撮ることが多くなったが、体力に余裕があるときには、一眼レフカメラ（重い）を持っていくこともある。このほか、アウトドア用のコンパクトストーブと調理器具、コーヒーを淹れる道具、ウォーターバッグ（P.139）などを用意。旅先で材料を買い集めたり、名水を汲み料理を作って腹を満たすのも楽しい。

携帯食や予備のドリンクは、市街地走行では、なるべく持たないようにしている。コンビニで調達できるものを、わざわざ持ち運ぶ必要はな

大型のサドルバックは、着替えや工具などを入れるのに便利。キャリアを使わず大容量バッグを装備して旅をする「バイクパッキング」というツーリングスタイル用として人気が高い。

い。逆に長い峠を上るときや、商店がありそうもない地方の道を走るときには、水分と携帯食をかなり多めに持っていく。とくに夏場はたっぷりと。

このほか、大きなバッグなら、同行者が疲れているときに、その人の荷物まで入れて運ぶこともできる。それに転倒時には、バッグが体を守るクッション代わりにもなる（倒れ方にもよるが）。大型バッグは、旅先での遊び方を広げ、思い出を色濃くしてくれるので、積極的に試していただきたい。

基本の道具

a. 空気入れ
旅先でパンクした際に修理するための必須アイテム。延長ホース付きが便利。

b. タイヤレバー
パンク修理をするときに、タイヤを取り外すために使う専用工具。3本用意する。

c. 輪行袋
自走の旅でも距離が長いときには持参する。疲れたら無理せず輪行すればいい。

d. 軍手
ブレーキや変速機のメンテナンス、輪行のための分解組み立てで使う。

e. 着替え
日帰りの旅でも1枚あると快適。輪行の際は、帰りの電車に乗る前に着替える。

f. パンク修理セット
タイヤパッチ、紙ヤスリが入ったパンク修理セット。ゴム糊不要タイプが便利。

g. 携帯工具
アーレンキー、ドライバー、スパナなどがセットになった折りたたみ式の工具。

h. 予備のチューブ
パンクを修理する時間がないときやチューブが裂けたときはチューブごと交換する。

i. チェーン錠
食事や買い物するときに使用。宿泊先の駐輪場に置くときには頑丈なものを使う。

j. タイラップ
ブレーキや変速機の部品の破損を応急修理するような場面で使う。

k. タオル
汗や、手を洗ったあとに拭くため。バンダナなどでもよい。夏場は2枚用意する。

l. 雨具
宿泊するとき、天候の急変が考えられる長距離移動のときには必ず用意する。

m. スペアバッテリー
スマホの充電用に。緊急時の電話連絡など、バッテリー切れを防ぐため。

あると便利な道具

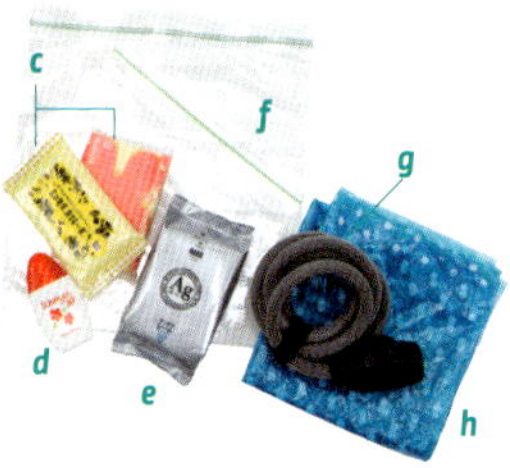

a. クーラーバッグ

夏は飲料などを冷やし、冬は使い捨てカイロを入れて食べ物が凍るのを防ぐ。

b. 大きめのタオル

少し大きなタオルがあると風呂に入るときや、汗を拭くなど便利に使える。

i. エコバッグ

シルナイロン製のものは、撥水性が高く、簡易的な防水インナーバッグとして使える。

c. ウエットティッシュ

輪行の際に手が汚れたときに拭くため。普通のティッシュペーパーもあると便利。

d. 日焼け止め

日差しが強い、春から秋のライディングでは必需品。一日数回塗る。

e. 汗拭きシート

汗でベタ付いたときや、体臭が気になったときにサッと拭くため。

f. ジッパー付き袋

雨が降ってきたときに、濡らしたくないサイフやスマホを入れて保護する

g. 予備のカギ

宿泊先で長時間駐輪したり、自転車が故障したときに置いて帰るケースに備えて。

h. レジャーシート

砂浜や川原など、ベンチがないような場所で座って休憩する場合に使用する。

あると楽しい道具

コーヒーセット

名水を汲める場所を走るときには、コーヒーを淹れて特別な一杯を楽しむといい。

ツーリングの装備　チェックシート

→ 基本の道具

- ☐ 雨具
- ☐ 着替え
- ☐ タオル
- ☐ 携帯工具（六角レンチセット）
- ☐ パンク修理セット（紙ヤスリとパッチ）
- ☐ タイヤレバー
- ☐ 予備のチューブ
- ☐ 空気入れ
- ☐ チェーン錠
- ☐ 輪行袋
- ☐ 軍手
- ☐ タイラップ（3本）
- ☐ スマートフォンのスペアバッテリー

→ あると便利な道具

- ☐ 汗拭きシート
- ☐ ウエットティッシュ
- ☐ ジッパー付き袋
- ☐ レジャーシート
- ☐ クーラーバッグ
- ☐ 日焼け止め
- ☐ エコバッグ
- ☐ 予備のカギ
- ☐ 大きめのタオル

→ あると楽しい道具

- ☐ 一眼レフカメラ
- ☐ コンパクトストーブ
- ☐ 調理器具
- ☐ コーヒーセット
- ☐ ウォーターバッグ

輪行するときには周囲の人に最大限の配慮を

前後輪とサドル、ハンドルを外してコンパクトに

自転車は、ある程度分解して専用の袋に入れれば、電車や飛行機などの公共交通機関に持ち込める。このような旅のスタイルを「輪行」という。元々は、競輪選手が全国をスムーズに移動できるよう、鉄道会社が採用してくれたありがたきシステム。その恩恵にあずかっているのが、われわれ一般サイクリストだ。

ほんの数年前までは、高速バスでも輪行できる路線はあったが、輪行する人の増加やマナーの悪さにより、最近では高速バス路線の多くが自転車の持ち込みを禁止している。

また、昨今は電車のホームに、輪行の正しい作法を記したポスターが貼られるなど、そのマナーの悪化が気になるところ。

規定のサイズ（三辺の合計が250cm以内。かつ一辺が2m以内※JR東日本の場合）に収めること、自転車を完全に袋に覆うこと、専用の袋に入れること。たったこれだけのルールを守れない人が少なからず存在するようだ。

実際のところ、この規定のサイズはかなりユルくて、前輪だけを外した状態で袋に収納しても、ほぼクリアできる。東京のターミナルステーションでは、そんなデカい袋をかついだ5人以上のグループを頻繁に目にするが、そんなときはサイクリストの自分でさえ、嫌悪感を覚える。

また、電車の中に輪行袋を置く場合、最後列のシートの後方か、通路に置くことになるのだが、最近では大型キャリーバッグやベビーカーと場所の奪い合いになることも少なくない。

そんな現状を踏まえ、これから輪行を始める人は、できることなら、前後輪とサドル、ハンドルを外し、なるべく小さく折りたたんだ状態で運ぶスマートな輪行スタイルを志してほしい。もし、組み立てに自信がなければ、最初からスポーツタイプのフォールディングバイクを購入することを薦める。

いくら規定をクリアしているからといって、周囲の人の迷惑も顧みず、我が物顔で輪行をする人が増え続けたら、近い将来、電車に持ち込めな

くなる可能性もある。大人のサイクリストとして、先達が築いた、他人を思いやる心をどうか忘れないでほしい。

自在ストラップでまとめると運びやすい

輪行のコツとして、僕は、自在ストラップを多めに持っていく。分解したハンドルやホイールをひとくくりにまとめると、袋の中で動くことがなくなり持ち運びやすくなる。このほか、軍手や100円ショップで売っているイスの足に被せる保護カバーをハンドルやシートポスト、ヘッドに被せるとキズを防げる。チェーンをかける際に手が汚れることもあるのでウエス（布やタオル）も持っていく。

輪行袋を肩からかけると、けっこうな重量になる。切符の出し入れなどを考えると、その他の荷物はバックパックで運ぶと便利。自転車にキャリアを取り付け、パニアバッグを取り付ける手もあるが、1泊程度の旅では、手荷物と分解する手間が増え、かえってわずらわしくなることが多い。

宅配業者を使って送ったりクルマに積んで出かける

このほか、自分で運びたくないときには、宅配業者を使う手もある。自分が購入した自転車店にお願いしてダンボールをもらい、そこに分解した自転車を入れて発送する。送り先は、宿泊する宿や、宅配業者の営業所など。自転車を受け取ってもらえるか、ダンボールを保管してもらえるかを、必ず電話で事前に確認する。宅配業者によって、配送日数や

指定席の場合は、最後列の席を指定して、そのうしろのスペースに置く。

在来線など置く場所が限られる場合には、入口近くに置く。

運んでくれるダンボールのサイズも異なる（じつは運送費もかなり違う。僕はヤマト運輸と福山通運を比較して安いほうを利用）ので、これも事前にチェックする。

クルマで運ぶ場合は、多少面倒でも、分解して車内に積むことを薦める。車外に積んで高速道路などを移送すると、風や振動でネジ類がゆるむことがあるのだ。また夏場にルーフに積んで走ると虫が自転車のいたるところに張り付き、掃除するだけでも苦労する。

ワゴンやミニバンなら荷室に簡単に収納できるし、コンパクトなクルマでも、後席にレジャーシートなどを敷き、ホイールを外せば、自転車を積むことはできる。

気を付けることは、後方の視界を妨げる積み方をしないこと、自転車が動かないよう、自在ストラップやタイダウンベルト（荷室用荷物固定ベルト。カー用品店で購入できる）で留めることだ。

また、上記のような方法で自転車を運ぶと、少なからず傷はつく。過度に傷を気にする人、傷が致命傷になるカーボンファイバー製のフレームに乗る方には、このような遠征は薦めない。

限られた休日の時間を有効に使い、まだ見ぬ土地の景色を楽しむためにも、目的に応じた移動スタイルで自転車の旅を広げよう。

輪行のための分解の仕方

必要なもの

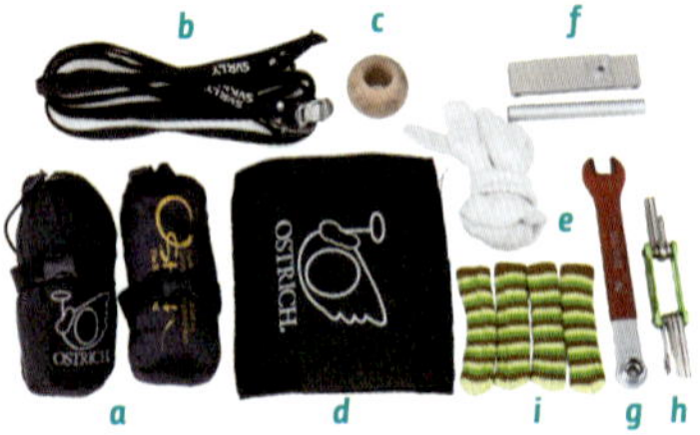

a. 輪行袋
電車の旅では薄手の軽いもの、荷物を預ける飛行機旅では厚手の丈夫なものを使う。

b. 自在ストラップ
分解したホイールやフレームをひとまとめにするときに便利。

c. スペーサー
ステムを抜いたあとに入れる自作スペーサー。塩ビパイプでもよい。

d. プロテクター
フレームを傷から守る薄手のカバー。アズマ産業製を使っている。

e. 軍手
作業するときに手の汚れを防ぐ。外したペダルをくるむのにも便利。

f. リアディレイラー保護金具
ホイールを外したときに出っ張るリアディレイラーを保護する市販品。

g. ペダルレンチ
ペダルを外す専用工具。アーレンキーで代用できるペダルもある。

h. 携帯工具
輪行ではアーレンキーしか使わないが、もしものときのために。

i. イスの脚用カバー
100円均一ショップで売っているものでよい。フレーム保護のためにあると便利。

1 ペダルは左右とも、進行方向に回すと締まり、逆に回すとゆるむ。

2 クイックリリースレバーは、抜いておく。バネの向きに注意。

3 サドルはポストごと引き抜く。グルグル回さず、まっすぐ上に。

4 ブレーキワイヤーは、スリットから外してレバー側のタイコ（鉛）を抜く。

5 ハンドルとステムを一緒に外せば組み立て後の面倒な調整を省ける。

6 ステムと同じ高さのスペーサーを入れてヘッドキャップを固定する。

7 リアディレイラーを小さいギアに入れてから、後輪を外す。

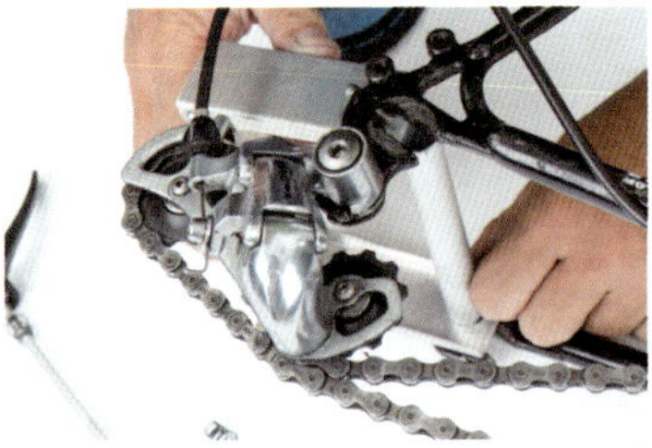

8 リアディレイラーを保護する金具（アズマ産業製）を取り付ける。

9 後輪のクイックリリースレバーを使って、8の金具を固定する。

10 フロントフォークなど、傷つきやすい部分をカバーする。

11 フレームとほかの部品があたる部分は、プロテクターで保護する。

12 フレームを挟むように前後輪を左右にセット。

13 自在ストラップでホイール、フレーム、ハンドルを固定する。

14 ホイールの下部も忘れずに固定しておく。

15 2〜3箇所を固定すれば、フレームやパーツはがっちりと一塊になる。

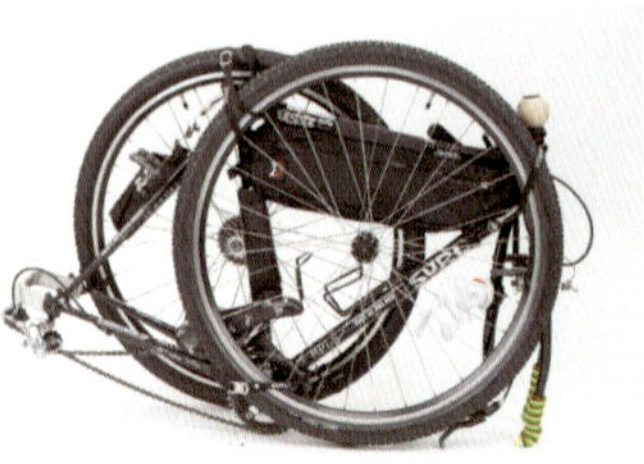

16 地面などに当たる部分が、きちんと保護されているか確認する。

17 ペダルとクイックレバーは、輪行袋の収納袋に入れるといい。

19 付属の肩ストラップをループから中に入れて、フレームに結ぶ。

18 リアディレイラーを守るために16と逆さにして、輪行袋に入れる。

20 すべての部品が、袋からはみ出さないように入っていれば完成。

クルマに積む場合

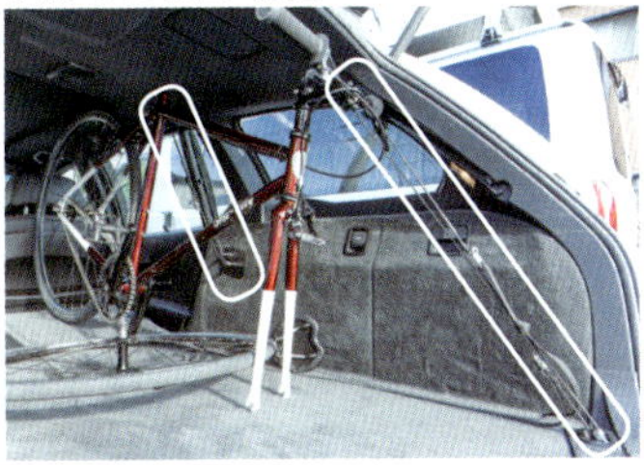

車に積むときは、走行中に倒れないよう、タイダウンベルトなどで固定する。

ダンボールに入れる場合

輪行と同じように、外した部品とフレームを自在ストラップで一体化させると傷がつきにくい。小物は軍手に包むとなくしにくい。

水と食料の補給は早め早めに

空腹で動けなくなる前に少しずつ補給する

90年ごろのこと。箱根に住む外国人の友人宅を訪問し、「軽く走りに行こう」と誘われるままに、MTBに乗って出かけた。「軽く」なので、携帯食も水も持たずに出発。1時間、2時間とペダルをこぐうち、全然軽くないことに気づいた。僕を誘ってくれたのは、当時、全日本選手権のクロスカントリーレースで優勝に絡むような選手で、そこは彼のトレーニングコースだった。そして、夕方、僕は突然動くことができなくなり、路上に寝転んだ。

それが、初めてのハンガーノック体験だった。全身の力が抜け、気力もうせた。放っておかれたら死ぬのではないかと思うほどの恐怖だった。

そんな姿を見て、友人は僕を一人残し食料を調達してきてくれた。コーラとチョコレート。それを食べた瞬間に、全身に血液が流れるような感覚がよみがえり、何事もなかったように再び走りだすことができた。

サイクリング途中の補食と補水がいかに大切かを、身をもって学んだ。そして、外国人の「軽く」が軽くないことも学んだ（結局、山道を50kmも走ったのだ）。

都市型のライドの場合、自動販売機やコンビニで飲料も軽食も簡単に手に入る。だから500mlのペットボトル1本程度を持って走ればいい。ノドの渇きを感じたら、すぐに一口、水を飲む。夏場は、渇きを感じなくても15分に一度は飲みたい。そして、小腹が減ったら、なるべく早くなにかを食べる。その程度でいい。

地方のロングライドや、山道を走るときには、コンビニがない可能性もあるので、飲料、携帯食ともに十分に用意する。とくに長い坂を上る峠道を走るときに、水分は大量に持って走ろう。

かつて真夏に標高800mを上ったときには、500mlボトル3本でもぎりぎりだった。それから峠を越えるときには、フレームに取り付けたボトルケージ2個に2本のボトルをセットし、さらに容量2Lのウォーターバッグに1L以上の飲料を入れ、それをデイパックや自転車に取り付けたバッグに入れて走るようにしている。

アミノ酸入りサプリは サイクリングの救世主

このほか、助かるのが必須アミノ酸入りのサプリメントだ。BCAAとよばれる必須アミノ酸は、体内に入ると筋肉の疲労をスピーディーに回復させる効果がある。脚の筋肉疲労を少しでも感じたら、ゼリー状のアミノ酸サプリを飲む。すると、数分で体が楽になる。走る距離や高低差にもよるが、ロングライドする際には、BCAAが3000mg入ったゼリーを最低3個はバッグに忍ばせている。年齢を重ねるほど、サプリメントの恩恵にあずかることが増えている。いや、サプリがあるから走れるのかもしれない。

それでもサイクリング中に、脚がつりそうになることはある。そんなときは無理せず、一度自転車から降りて、ゆっくりと休み、軽くストレッチなどをして、回復してから走り出す。

サプリメントはあくまでも食事の補助なので、一日中走るときには、適宜、食事を取ることを忘れずに。夢中で走っていると、意外と食事をおろそかにしがちなので、ハンガーノックになって走れなくなる前に、必ず食事をしよう。

真夏の峠越えなど、水分を大量に消費するときには、ボトルのほかにウォーターバッグで水を運ぶと安心。保冷用のサイクルボトル(右下)は保冷に有効。

筋肉疲労をやわらげるアミノ酸系サプリメントは、おじさんサイクリストの救世主だ。アミノ酸の配合量が多いものは、薬局やスポーツ店で買える。

自転車は道路の左側を走る

向かい合う自転車とのすれ違いは左側に避ける

自転車も公道を走る以上、交通社会の一員である。交通ルールを守り、道路をシェアするほかの車両や歩行者に迷惑にならないよう、最大限努力するのは当然のこと。わが者顔で走ることだけは避けていただきたい。

日本の法律では、車両は道路の左側を通行しなくてはならない。歩道と車道の区別がない狭い路地などで、正面から自転車が来た場合、お互いが左に避けて通行することで、事故を防げる。が、実際はこれが徹底されていないため、恐怖を覚えることがしばしばある。

「自動車は左側通行。歩行者は右側通行」と教育されたことはあっても、自転車がどう走ればいいか教わっていない、もしくは忘れている方が多いように思う。昨今は警察やNPOが自転車に乗る人に対して「左側通行の徹底」「車道通行」を指導しているが、まだまだ徹底されていない。

個人の意見だが、その要因のひとつが「歩行者の右側通行」という法律ではないかと感じている。自転車の歩道通行が、慣例として広く行なわれている現状から「自転車＝歩行者（右側通行）」と考えてしまうのも無理はない。

僕は、歩行者も自転車も自動車もシンプルに「すべて左側通行」と法律を改変すれば、何の問題もなくなると思う。そして、速度の遅い順に左側から道路をシェアし、向かい合う場合は左側にかわす。

自動車の場合には、免許制度があるので、左側通行は徹底して教育される。しかし、自転車の場合、歩行者だった人が、ある日突然、自転車に乗り出す。そのためにルールを知らずに（あるいは意識せずに）公道に繰り出し、不幸にも事故にあってしまうのだ。公道上を通行するものすべてを左側通行と定めるだけで、迷いも間違いもなくなると思う。

歩道を走らざるを得ない場合は歩行者に細心の注意を払う

自転車走行の基本は車道通行だが、例外的に歩道通行が可能な場合もある。それは、「自転車通行可の表示がある場合」、「運転者が13歳未満、あるいは、70歳以上、または身体に障害を負っている場合」「安全のためやむをえない場合」。

歩いているときに、後方から来る自転車に抜かれて驚いた、なんて経験がある方も多いだろう。車道の交通状況などにより、歩道を走らなくてはならない状況になったときには、歩行者に恐怖を与えないよう細心の注意を払う。最徐行と十分な間隔を空けて走る。場合によっては、自転車から降りて押して歩く。歩行者の立場で考え行動することが大切だ。

マナーの悪いクルマにいちいち腹を立てない

また、自転車で車道を走っている際、追い抜きざまに露骨に幅寄せするクルマや、後方からクラクションを鳴らすドライバーは少なからず存在する。僕は、そのようなときも腹を立てないようにしている。

自転車仲間のなかには、そんな輩を追いかけ、信号で停まった時点で口論を仕掛けるような者もいる。でも、それで何か解決するのだろうか？　おそらく嫌な気分で一日を過ごしたり、今の時代、相手が悪ければ、刃物などでケガをさせられる可能性もある。

その瞬間は不快でも、少し走ればすぐに忘れるわけで、不要な喧嘩は避けよう。もちろん接触があった場合は、即座にクルマをとめて警察を呼ぶこと。

逆に、わざわざ停車して道を譲ってくれるような紳士的なドライバーも増えている。そんな親切を受けたときには、僕は必ず右手をあげ、さらに軽く頭を下げて、ドライバーに感謝の意を表する。些細な心遣いひとつで、お互いが一日をハッピーに過ごせる。自転車と自動車の友好的な交流が広まれば、交通社会はより快適性が増し、事故削減にもつながると、信じている。

狭い道で対向する自転車とすれ違う場合は、お互いに左側に避けることで、左側通行を守りながら安全にやり過ごせる。

歩道を走らざるをえない場合は、車道寄りを徐行。歩行者が多い場合には、自転車から降りて押して歩く。

Lesson 11

公道では、ほかのサイクリストを警戒せよ

安定しない発進時こそ他車との衝突に気をつける

自転車ブームの影響で、サイクリストは年々増えている。仲間が増えることはうれしいが、公道で見知らぬ人の後方を走るケースも増えている。そんな他人とのランデブーは、とくに注意が必要だ。

幹線道路を走る場合、信号待ちで数台の自転車が並ぶことがある。そんなとき、僕は周りの人の様子を観察して、走り出すタイミングを計る。明らかに速そうなロードバイク乗りや、焦っている人の前には絶対に出ない。自分が先に停止していたら、少し横にずれて先行してもらう。どんな抜き方をするか予想ができないし、人によってはギリギリをすり抜けたり、直前に割り込まれることもある。他人とはできるだけ距離をとるようにしている。

逆にママチャリの人には、先行されないようスタートダッシュをしかける。それは、このタイプは後方を気にせず縦横無尽に走ったり、突然、止まるような人が多く、事故に巻き込まれる可能性が高いからだ。

また、いいペースで先行する人がいても、見知らぬ人なら、必ず間隔をあけて走るようにしよう。気の置けない仲間と走る場合には、空気抵抗を減らすために直後を走ることもあるだろう。しかし、それは、お互いの技量を理解しているからできること。見ず知らずの人を見たら、どんなにスタイリッシュに決めていてもヘタと決め付け、安全な車間距離をとって走ること。

他人の信号無視につられない

また、ほかの人が信号無視をしてもそれにつられないように。逆に後方に知らない人がついているときに信号で停止する場合は、早めにペダルの回転を止めて速度を徐々に落とし「停まるよオーラ」を出し、追突されないよう気を配る。後続者がバリバリのロードバイク乗りならハンドサイン（P.154）を出すのも有効だ。普通は、後方を走る人が先行者を気遣うものだが、平気で信号無視をする人も少なくないので、気をつけるに越したことはない。

公道では常に最悪のケースを想定

し、慎重すぎるぐらいに周囲に気を配り、事故を未然に防ぐスキルも必要なのだ。

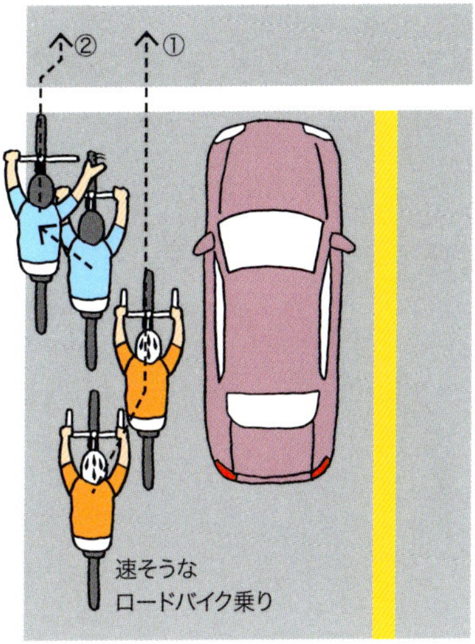

いかにも速そうなロードバイク乗りが信号待ちで後ろに来た場合、発進直後の不安定な状態で追い抜かれると接触しやすいので、発進前に左側に避けて右手をヒラヒラと振り、「お先にどうぞ」とアピール。先に行ってもらう。

ママチャリは、発進時にふらつく人が多く速度もまちまち。後方に来たときには、接触されないよう、追い越すスペースを体で消したり、スタートダッシュをして引き離す。

Lesson 12

スタンドがないスポーツ自転車はどう駐輪する？

他人の迷惑にならない場所 盗難のリスクが低い場所を探す

一般的なスポーツ自転車には、スタンドがついていない。駐輪する際には、なにかに立てかける必要がある。出かけた先に駐輪場があれば、そこを利用するのが第一。もし駐輪場がなければどうするか？

飲食店などに入る場合は、店の敷地に置く場所がないかを確認する。来客者や店の前を通行する人や車両の邪魔にならない場所で、盗難のリスクが低い場所（店の中から見える）があれば問題なし。

ロードバイクなど軽いスポーツ自転車の場合、サッと持ち上げて盗難される可能性があるので、長めのワイヤーロックやチェーンロックを使い、電柱や階段の柵など、動かない物に留めておく。

やむなく路上に駐輪するときには、多少歩いても、安全な場所を探す。安全とは、他人の迷惑にならない場所で、盗難のリスクが低いこと（盗難犯は大きなカッターで瞬時に鍵を切って持っていくので、人目が多い

アメリカの都市部でよく見かける歩道に設置されたバイクスタンド。盗難防止のため、簡単には切断できない金属製のU字ロックを使うのが一般的。それだけ盗難が多いのだ。

場所のほうが盗難にあいにくい）。

ガードレールなどに留める場合には、ハンドルが出っ張り、歩行者や車両に当たる可能性があるので、街路樹の間の空きスペースなど、人やクルマが通らない場所を探そう。

クイックリリースでホイールを簡単に外せる車種の場合は、前輪とフレームの両方を動かない物に巻きつけるように留める。自転車から離れるときには、ライト類はその都度、外したほうがいい。簡単に外せるライトだけが盗難されることも少なからずあるのだ。

通勤のため、毎日同じ場所に駐輪したり、打ち合わせなどの間、長時間同じ場所に置いておくと、それだけで盗難の確率はアップする。やむを得ず長時間駐輪するときには、なるべく太いワイヤー式とチェーン式、場合によっては金属製のU字ロックなど複数のロックを組み合わせるといい。それでも完璧ということはない。最善策は、大好きな自転車を長時間ひとりぼっちにしないことしかない。

駐輪するときには、勝手に移動されたり、持っていかれないよう、駐輪施設と自転車を結ぶようにチェーンロックなどで留める。ロックは、少々重くても、太くて長いもののほうが安心だ。

駐輪する時間や場所、自転車によってロックを使い分けている。左から、超短時間用、旅先で数分の駐輪用（軽量）、長時間および仲間と走るときに使用（長い）、普段用。

旅先では雄弁になろう

笑顔で話せば旅の想い出が深まる

自転車というのは、ただ乗って楽しむだけの道具ではない。旅先では人と人をつなげる道具にもなる。

たとえば旅先で、農作業をしている老人と立ち話をしたり、食事のために入った店で、主人に労をねぎらわれたり。自転車で走ってきたと言うだけで、驚いてくれたり、温かい言葉をかけてくれる。そんな人との出会いが、もしかしたら旅の一番の醍醐味なのかもしれない。

旅に行ったら、シャイにならず積極的に人と話してみよう。そうすることで、地元の人しか知らないような思わぬ情報が入手できたり、町の歴史を垣間見たり、美味しいものをもらったり…、と、いろいろなうれしいハプニングが起こるはずだ。

もちろん旅先でサイクリストと会ったら、挨拶して軽く情報交換するのもいい。コンビニなどで休んでいるときに、逆方向から来たサイクリストがいたら、声をかけてその先の道路事情やグルメポイントを聞い

春の伊豆で風に倒されそうになっていたおばあちゃんに挨拶すると「どこから来たのかい?」と。話が弾み、周辺の菜の花の名所などを教えてもらった。これぞ旅の醍醐味だ。

たりしてみよう。

他人に話しかけるときに一番大切なのは笑顔。笑って、話して、心に残るサイクリングを演出しよう。

もしも、自分から声をかけるのが苦手という人は、他人の目を引く自転車に乗って旅をしてみるのも一考だ。たとえばロングテールバイクやファットバイクなど、一風変わった自転車で走っていると、おもしろがって話しかけてくれる人が多い。地方を走ったときの経験では、誰にも話しかけられなかったケースは皆無だ。話好きのおじさんが、おもしろいほど釣れるので、時間には十分余裕を持っていくことを薦める。

飛騨里山サイクリングのツアーに出かけたときには、ガイドの人が、作業をしていたおじいちゃんに挨拶をすると、裏の農園でキュウリをもいでご馳走してくれた。

水がいい街は決まって食もいい

いい食堂やレストランも見つかりやすい

今はなくなってしまったが、『バイシクルナビ』という雑誌で、「天然水紀行」という連載を執筆していた。白州、喜多方、会津若松、六日町、安曇野、富士宮など、名水を汲める街を訪ね、その周辺をサイクリングする企画だ。

その取材で学んだのは、水に恵まれた場所は、暮らしぶりが豊かで、地域の文化がしっかりと継承され、食が充実していることだ。旧道を通り、歴史的建造物を眺め、美味しい地元産の食をいただく。水がいい街には、決まってサイクリングの目的地にぴったりの要素が揃っていた。

そんな街に共通するのは野菜や果

これは茨城県水戸市を走ったときの写真。千波湖や、偕楽園を眺めてから、酒蔵に出かけて、仕込み水と同じ水系の水を汲める場所を教えてもらった。

酒蔵から小川に沿って20分も走ると、そこに笠原水源があった。誰もが自由に名水を汲める。そんな水を汲んで、その場でコーヒーを淹れてみよう。

物、蕎麦などが美味いこと。食材がよいため、いい食堂やレストランを探すことも、それほど難しくない。

せっかく旅をするのだから、コンビニやナショナルチェーンの店ではなく、地元に根付き、その土地の味を楽しめる店を探して入ってみよう。

最近では、B級グルメで町興しをしている場所も数多くあるので、安く素早くあげたいときには、そんなカジュアルなグルメを楽しむといい。

日本は名水に恵まれた国である。「名水」「湧水」などのキーワードで検索すると、各地の名水ポイントがヒットする。これは山梨県富士吉田市の忍野八海の涌水。

各地の水を飲み比べると、だんだんと水そのものの味の違いに気付くようになる。硬い水、柔らかい水、深い森の香りがするような水。水を汲み、違いを楽しむのもいい。東京都福生市の酒蔵の水。

その土地に脈々と流れる名水が守られている場所に出かけると、食、文化、そして、人まで、すべてにおいて豊かさを感じられる。栃木県佐野市出流原弁天池の向かいにあるホテルの湧水。

Lesson 15

お土産を買うと同時に土地の情報を聞き出す

歴史ある酒蔵はおいしい店を知っている

地元の味は、なにも現地だけで楽しむものではない。その土地の味を持ち帰ることができるお土産探しもまた、サイクリングの大きな楽しみである。

僕がサイクリングに出かけるときに、真っ先にチェックするのは酒蔵の有無だ。極端な話、候補の目的地近くに酒蔵がなければ別の場所を探すぐらい。

そして、走り出してからなるべく早い順番で酒蔵に行く。もちろん自転車も飲酒運転はできないので、店の方とじっくり話し、言葉だけをヒントに珠玉の1本を探し当てる。

その際に忘れてはならないのが、地元の名店を聞くこと。ランチの美味しい店、宿泊する際には、いい居酒屋など。歴史ある酒蔵は、必ずその土地の飲食店に商品を卸している。当然、付き合いで店に行くこともあり、美味しい店を聞き出すには絶好の場所なのだ。経験上、観光協会の窓口で聞くより、通好みの店を教えてくれる確率が高い。

手に入れた酒と食材で一杯やるのが楽しい

このほか、バックパックに入るだけの野菜も買って帰るといい。都会のスーパーではお目にかかれないほど、新鮮で濃厚な味の野菜が驚くほど安く売っていたりする。

数年前、大量の荷物を積めるロングテールバイクで群馬県川場村を走ったときのこと。道端で見つけて入ったブドウの直売所で、店のおばちゃんが、自転車についた大きなバッグをおもしろがり、「いったい、どれだけ入るんだ！」と、バッグいっぱいのジャガイモをくれた。ロングテールバイクに限っては、そんなラッキーな経験をしたことが何度もある。これぞご利益！

新鮮な地元の材料を買うことは、その土地の方とコミュニケーションをとるきっかけとなる。だから大きなバッグを背負って、積極的に買い物を楽しんでほしい。重ければ宅急便で送ればいいわけだし。

自宅に帰り、シャワーを浴びて、その日見た風景を思い出しながら一杯（その酒が好みだったら最高！）。

またはその土地の美味しい材料を使った料理を楽しむことで、旅の楽しみは二倍以上に増幅する。

サーリー開発スタッフと京都市伏見エリアを旅したときの写真。酒蔵が軒を並べる町の販売所に行きロングテールバイクのバッグいっぱいの酒を買って帰った。

群馬県川場村を走ったときにいただいた、バッグいっぱいの野菜。重くなった分だけ喜びも大きくなる。

ロングテールバイクには、小型のクーラーボックスが積めるので、生鮮品の持ち帰りにも重宝する。もはやクルマは不要だ。

普通のスポーツ自転車でも、キャリアとサイドバッグを装着すれば、野菜直販所ライドを満喫できる。

快適なのは気の合う同士の二人旅

大人数で走るほど 自由が減り、危険が増す

ソロ・サイクリング、あるいは先輩とのサイクリングで、ある程度のスキルが身についたら、気の合う誰かを誘って出かけよう。誰かと一緒に旅を共有することで、違う視点で景色が見えたり、普段は入らないような店にトライしたり、きっと新しい刺激があるはずだ。

ただし無闇に大人数（5人以上）で走ることは薦めない。人数が増えれば増えるほど、団体旅行のテイストが強くなり、自分の自由が減ってしまうからだ。しかも、自分が言いだしっぺだとしたら、間違いなくツアーガイドになる。

また、長い隊列を組んで走ることで、幅の狭い田舎道では、追い越すクルマに危険な目にあわされる可能性が高まる（同時に、そのクルマを危険にさらしている）。ツアーリーダーとして楽しむのも悪くはないが、大人が独立した乗り物に乗って楽しむのだから、個人旅行の延長線上にある二人ぐらいで出かけるほうが、気楽でいいと思う。

タイヤサイズを合わせるだけで 旅は快適になる

夫婦、カップル、会社の仲間など、気の合う仲間なら、相手は誰でもいい。気をつけることは1点。タイヤのサイズをだいたい合わせること。自転車の快適な速度域は、タイヤのサイズによって決まる。小径車とロードバイクで走った場合、快適に走れる速度域が遅い小径車は辛い思いをする。タイヤが太いため路面抵抗が大きいMTBと、タイヤが細いクロスバイクで走っても、前者のハンデは少なくない。銘柄まで同じ車種で揃える必要はないが、小径車なら小径車同士、クロスバイクならクロスバイク同士というセットを基本にするだけで息が合い、快適に走れるだろう。

また、タイヤのサイズが同じなら、スペアチューブを共有できるので、余分な荷物をひとつ減らすことができる。とくに夫婦でいつも一緒に走る場合に、この手は有効だ。

走り方の注意として、縦列で車間距離を取って走るのが基本。公道上で並走するのは危険なので絶対に避

ける。雨の日は、後続車は真後ろではなく少し左右にずれて走ると、前走車の水しぶきを浴びない。

また、女性や自分より体力が劣る人と走るときには、前を走り風除けになるくらいの優しさが必要だ。逆に、追い風や無風のときは、後ろを走り、ライディングフォームがおかしくないか、ちゃんと変速ができているかをチェックして、快適な乗り方を指南するのもあり。そのとき、ダメだしをするのではなく、「こうやると少し楽に乗れるよ」という具合に、愛情のある言葉をかける。

5種類のハンドサインをマスターして衝突を防ぐ

そのほか、自転車にはクルマのようなブレーキランプがないから、気をつけないと後続の仲間に追突される。これを防ぐために、簡単なハンドサインをマスターして、前走者が後続の仲間に視覚的に情報を伝える。ストップ、右折、左折、追い越し、危険物あり。以上5つで十分。これを徹底するだけで、仲間同士の衝突事故を高い確率で防げる。

二人以上で電車を使って輪行するときには、なるべく異なるドアから入り、自転車を同じ場所に置かないように注意する。ただでさえ大きな自転車を重ねて置いたら、どれだけほかの利用者が迷惑するか。自分たちのシアワセよりも、ほかの人の安全や気持ちを尊重するのが、大人の

気の合う仲間と出かけるツーリングは、ソロで走るときとは違った発見に満ちている。楽しむコツは、同じような種類、同じような径のタイヤを履いた自転車に乗る仲間と出かけること。

サイクリストの心得だ。大勢で同じ電車に乗る場合には、車両を変えるぐらいの気を遣ってほしい。あまりにもマナーが悪いと、いつ輪行が禁止されるかわからない。

道に迷ったときや、自転車がトラブルにあったときなど、一人では心細いときでも、相談できる誰かが一緒にいることで、どれだけ心強いことだろうか。楽しいサイクリングのためにも、ぜひとも気の合う相棒を探そう。

5種類のハンドサイン

ストップ！①
ゆっくり停止するときには、掌を開いて後方に合図。腰の後ろ辺りに置いた掌をヒラヒラさせる。

ストップ！②
これも上の写真と同様に停止する合図。僕は、緊急停止するときにサッと掌を見せる。

右左折

分岐点、交差点の手前で後続車に行き先を示すときは、曲がる方向を指差すとわかりやすい。下の写真のように掌を横に向けて方向を示す人もいる。

追い越し

片側2車線以上の車道で、駐車車両を追い越すときなどには、腕を右側に伸ばして合図する。仲間と走るときはもちろん、交通量の多い道では、ソロでも後方のクルマに対して合図しよう。

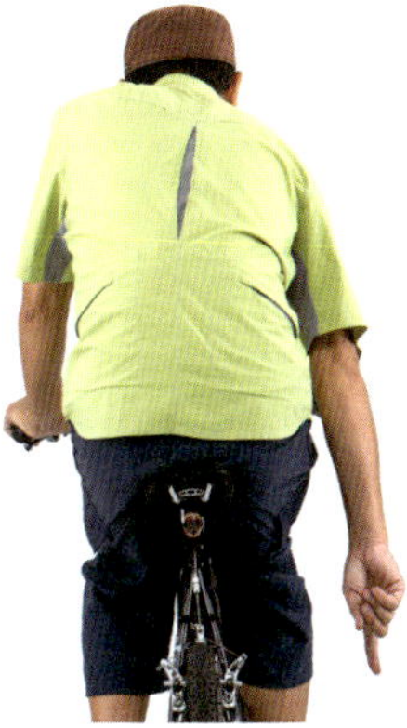

危険物あり

ガラスの破片が落ちていたり、自転車道の入口にオートバイ進入防止用のポールが立っているようなときは、それを指差し、指を振りながら注意をうながす。

道は世界に広がっている

いつかは自転車で本物の冒険に出かけない？

近所のポタリングからはじめて、徐々に走行距離を伸ばし、1日100km以上のサイクリングにも挑戦した。輪行をしても、自転車の組み立てに不安がなくなった。パンク修理や、簡単な調整は自分でもできるようになった。路上にいる、ほかの車両や歩行者に優しい気持ちで、走れるようになった。

ここまでできたあなたは、もう立派な大人のサイクリスト。どんどん旅を重ねて、さらにスキルをあげていこう。そして、まだ見たことのない場所へ足を伸ばして、見聞を広げよう。四季がある日本に住んでいるのだから、同じ場所でも違う季節に訪れることで、また違った一面を見ることもできる。

そして、いつかは海外に走りに出かけよう。地球上のありとあらゆるところに先人が築いた道があり、そこには独自の文化がある。冒頭で「自転車に乗ることは冒険である」と書いたが、そこには本気の冒険があなたを待っている。そこまでは…、というなら気軽なガイドツアーに飛び込むのもあり。また、自転車先進都市に出かけ、整備されたインフラに刺激を受けるのも悪くない。サイクルカフェや自転車ショップを覗くだけでも、それはおもしろいはずだ。

そしてもうひとつ。通行区分が左右異なる国もあるが、本書で紹介した走り方を覚えておけば、まず海外でマナー違反になることはない（じつは、僕も海外のサイクリストにマナーを学んだ）。

あとは、勇気を持って日本を飛び出すだけ。道は世界に広がっている。さあ、ペダルを踏んで、ジンセイをもっと豊かにしよう！

自転車というのは、ときに言語にもなる。外国語が苦手でも、共に走るだけで打ち解けたり、専門用語や商品名だけで会話が成立することもある。

海外を走ると、日本とは異なる道路事情やインフラに驚かされることがある。これは日本にもあるが、ポートランドの自転車キャリア付きの路線バス。

ポートランド市内を走るトラムには、自転車を列車内に持ち込んで、前輪を持ち上げ引っ掛けて運べるスペースがある。

ポートランドでは、自動車の駐車スペースだった場所をつぶして、駐輪場に作り変えている場所があった。

路上駐車するクルマや停車中のバスの影響を受けないよう、車道の真ん中に自転車レーンがある。高速道路を走る気分だった。ミネアポリスにて。

海外のショップに行くと、積載系のグッズが充実していて驚かされる。環境のためにクルマから自転車に乗り換える人がじつに多いのだ。ミネアポリスにて。

自転車好きのオーナーが経営するサイクリストのためのバー（ポートランド）。海外では、自転車の飲酒運転が黙認されている都市がけっこう多い。

おすすめのサイクリングスポット

a. ロンドン
近年、自転車都市として急成長した。

d. パリ
シェアサイクルをいち早く導入した人気都市。

g. 釧路
ファットバイクに乗るならここ。市内散策も◎。

b. ミュンスター
ドイツ屈指の自転車都市。屋外彫刻も有名。

e. ミラノ
有名自転車工房を訪ねて走ろう。

h. 安曇野
水と農作物に恵まれた空気が心地よい街。

c. アムステルダム
自転車の地位が高い自転車大国の首都。

f. バルセロナ
国を挙げて自転車インフラの整備を急ぐ都市。

i. しまなみ海道
年間17万人以上が訪れる人気自転車エリア。

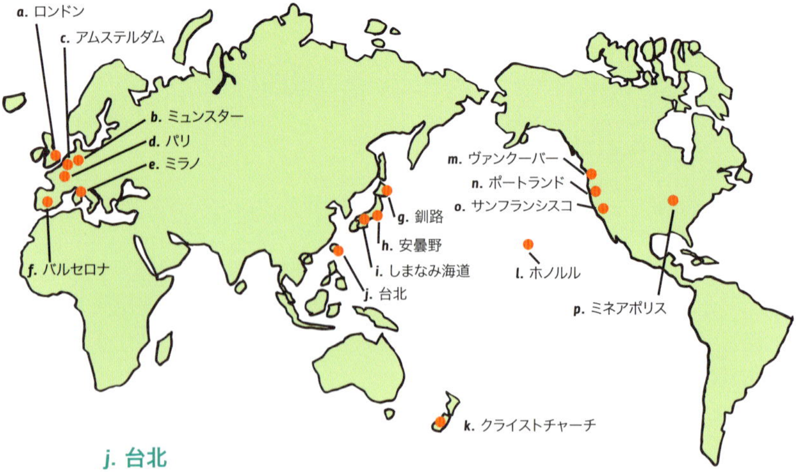

j. 台北
郊外に快適なサイクリングロードが急増中。

k. クライストチャーチ
都市から牧草地まで美しい風景が広がる。

m. ヴァンクーバー
都市散策からMTBライドまで深く楽しめる。

o. サンフランシスコ
サイクルカルチャーが根付く港町。

l. ホノルル
常夏の海、山、食の魅力を一日で満喫できる。

n. ポートランド
全米屈指のサイクリング&エコタウン。

p. ミネアポリス
ファットバイクの生誕地。自転車環境もよい。

[写真提供] 藤田修平
三浦孝明
Akira Kumagai
実業之日本社
ボイス・パブリケーション
山と溪谷社
モトクロスインターナショナル
ジャイアント
新家工業
ファビタ パシフィックサイクルズジャパン事業部
アキコーポレーション
タルタルーガエンターテイメントワークス
トーキョーバイク
マルイ

[取材協力] モトクロスインターナショナル
ピット ツルオカ
鳴木屋輪店
釧路湿原MTBクラブ
飛騨里山サイクリング
吉松尚孝

Shuji Yamamoto

山本修二

1963年東京都生まれ。
ライター。サイクリスト。

1980年代初頭、日本のBMX草創期から選手としてレースに出場。「マングース」の初代契約ライダーとして国内レースで42勝。その後、編集プロダクションに入社し、執筆活動を開始する。80年代後半は、日本に入ってきたばかりのMTB(マウンテンバイク)に熱中し、第1回全日本選手権からプライベート選手として参戦。カリフォルニア、ハワイ、カナダのレースにも遠征し、本場の楽しみ方、自転車がある豊かなライフスタイルについて学ぶ。28歳で独立してフリーランスとなり、雑誌を中心にさまざまな媒体で執筆している。ドイツ、イギリス、イタリア、オランダ、アメリカ、台湾などに渡航して、自転車ブランドの創始者にインタビューするほか、各国の自転車に関するインフラについても取材。近年は、シングルスピード、フォールディングバイク、MTB、ロングテールバイク、ファットバイクなどを用途によって使い分け、ツーリングや自転車散歩をマイペースで楽しんでいる。http://www.bike-shu.com/

[カバー・本文デザイン]	藤井耕志(Re:D)
[DTP]	エムサンロード
[撮影]	猪俣健一
[イラスト]	田中斉
[編集]	大塚真(DECO)

大人の自由時間 mini

スポーツ自転車《じてんしゃ》でまた走《はし》ろう!
一生楽《いっしょうたの》しめる自転車《じてんしゃ》の選《えら》びかた・乗《の》りかた

2015年10月20日　初版　第1刷発行
[著者]　山本修二《やまもとしゅうじ》
[発行者]　片岡　巖
[発行所]　株式会社技術評論社
東京都新宿区市谷左内町21-13
電話　03-3513-6150：販売促進部
03-3267-2272：書籍編集部
[印刷／製本]　図書印刷株式会社

ISBN978-4-7741-7583-6　C2076
Printed in Japan